U0003973

LOCUS

LOCUS

from
vision

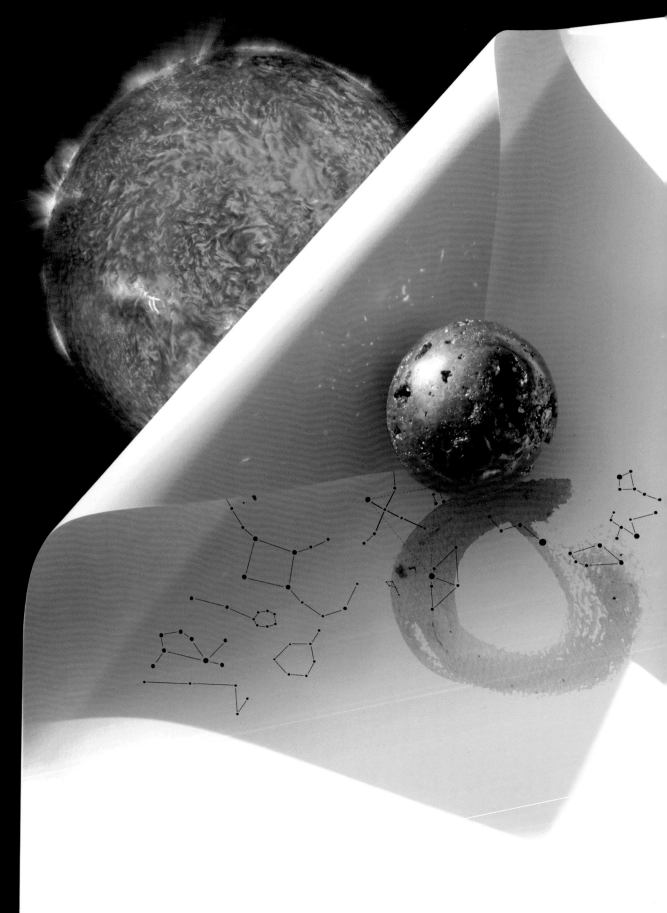

The **Magic** of Reality

什麼才是真的？

真實世界的神奇魔力
How We Know What's Really True?

Richard Dawkins 《自私的基因》作者
理查·道金斯

Dave McKean 戴夫·麥金 插圖設計

from 80

什麼才是真的？

The Magic of Reality

作者：Richard Dawkins

插圖：Dave McKean

譯者：黃煜文

責任編輯：湯皓全

校對：呂佳真

美術編輯：何萍萍

法律顧問：全理法律事務所董安丹律師

出版者：大塊文化出版股份有限公司

台北市105南京東路四段25號11樓

www.locuspublishing.com

讀者服務專線：0800-006689

TEL：（02）87123898　　FAX：（02）87123897

郵撥帳號：18955675　　戶名：大塊文化出版股份有限公司

版權所有　翻印必究

The Magic of Reality by Richard Dawkins

Text copyright © Richard Dawkins 2011

Illustrations copyright © Dave McKean 2011

Complex Chinese translation copyright © 2012 by Locus Publishing Company

（through arrangement with Brockman, Inc.）

ALL RIGHTS RESERVED

總經銷：大和書報圖書股份有限公司

地址：新北市新莊區五工五路2號

TEL：（02）89902588（代表號）　　FAX：（02）22901658

製版：瑞豐實業股份有限公司

初版一刷：2012年6月

初版三刷：2015年7月

定價：新台幣 550元

獻給我親愛的父親

Clinton John Dawkins
1915–2010

Contents

凡是存在的事物，都叫現實（reality）。聽起來相當好懂，不是嗎？然而事情沒那麼簡單，這句話其實存在著幾個問題。恐龍是現實嗎？牠們過去曾經存在，但現在並不存在。天上的星星是現實嗎？它們離地球如此遙遠，當它們發出的亮光抵達地球讓我們看見的時候，這些星星很可能已經毀滅消失。

我們待會再談恐龍與星星的事。無論如何，我們怎麼知道事物存在，即使是在當下？我想，我們的五官——視覺、嗅覺、觸覺、聽覺與味覺——的確相當成功地說服我們相信許多事物真的存在：岩石與駱駝，新刈的草地與剛磨好的咖啡，砂紙與天鵝絨，瀑布與門鈴聲，糖與鹽。然

而，我們是否只因為自己能直接以五官感知這些事物，就能認定這些事物「真的」存在？

遙遠的銀河，光憑肉眼是看不到的，它是否真的存在？微小的細菌必須使用高倍顯微鏡才觀察得到，它是否真的存在？我們能否說因為我們無法直接用肉眼觀察到它們，所以就否定它們存在？當然不行。顯然我們可以透過特殊工具來擴大我們的感官知覺能力：用望遠鏡觀察銀河，用顯微鏡檢視細菌。因為我們了解望遠鏡與顯微鏡，也知道這些工具怎麼運作，因此我們可以利

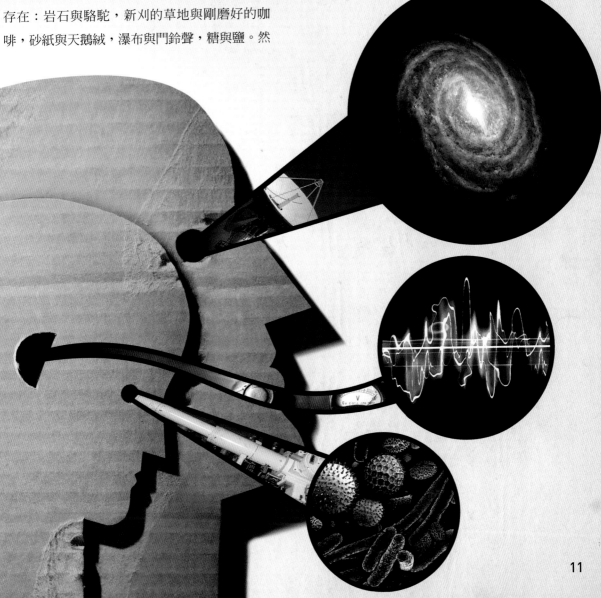

用它們來擴充我們感官的範圍——就望遠鏡與顯微鏡來說，擴充的是視覺的範圍——而這些工具讓我們看到的事物，使我們相信銀河與細菌真的存在。

無線電波又該怎麼說呢？它存在嗎？我們的眼睛看不到電波，耳朵也聽不到，但同樣地，只要運用特殊的工具——例如電視機——就能將電波轉換成我們看得見與聽得見的信號。所以，雖然我們無法看見或聽見無線電波，但我們知道它是現實的一部分。與望遠鏡、顯微鏡一樣，我們也了解收音機與電視機是怎麼運作的。它們可以協助我們的感官建立真實存在的圖像，亦即真實的世界，或者是現實。電波望遠鏡（與X光望遠鏡）以不同的視覺表現方式向我們顯示星星與銀河：這是另一種擴充我們的現實觀的方式。

讓我們回頭來談談恐龍。我們怎麼知道牠們曾經一度漫遊在這片大地上？我們從未看過或聽過恐龍，也從未因為恐龍出現而四處逃竄。真可惜，我們沒有時光機能讓我們直接看到恐龍。但我們有不同的方法可以協助我們的感官：我們有化石，所以我們可以用肉眼看見「它們」。化石不會跑也不會跳，但我們了解化石是怎麼形成的，我們可以從化石得知數百萬年前發生的事。我們知道溶有礦物質的水分會以什麼方式滲透到埋在泥土與岩石層裡的殘骸中。我們也知道這些礦物質在水分蒸發後會留下結晶，然後取代原來存在於殘骸裡的礦物質。它們會一個原子接著一個原子把動物原本的形體痕跡滲印在石頭上。所以，

雖然我們無法直接用我們的感官看見恐龍，但我們可以推斷恐龍真的存在，這些間接的證據最終還是能被我們的感官感知到：我們可以看到與摸到古代生物留在石頭上的痕跡。

從不同的角度來看，望遠鏡就像時光機。我們看到景物時，我們實際上看到的是光，而光可以帶著時間旅行。即使我們看著朋友的臉，我們看見的也是他們以前的臉，因為光從他們臉上到達我們的眼睛需要時間，儘管那是極其短暫的時間。聲音的速度比光慢得多，這是為什麼你會先看到煙火在天空炸開，然後過一陣子才聽到爆炸的聲音。你從遠處看人砍樹，你會發現斧頭砍在樹幹的景象與實際上聽到聲響有一種奇妙的時間差。

光的速度極其快速，因此我們總認為我們看到的景物就是景物當下的樣子。但星辰則非如此。即使是太陽，也離我們有八光分遠。如果太陽爆炸，那麼這場災難要等八分鐘後才會降臨在我們頭上。屆時就是世界的末日！離我們最近的恆星是半人馬座的比鄰星（Proxima Centauri），如果你在二〇一一年注視這顆恆星，那麼你看到的其實是二〇〇七年的星光。星系聚集了無數的星辰。我們所在的星系稱為銀河系。當你注視離我們最近的仙女座星系

（Andromeda galaxy）時，你的望遠鏡如同一台時光機，帶你回到了兩百五十萬年前。由五個星系組成的史蒂芬五重星系（Stephan's Quintet），我們透過哈伯望遠鏡（Hubble telescope）可以看到這些星系彼此劇烈地碰撞著。但我們現在看到的碰撞卻是發生在兩億八千萬年以前。如果這些星系中有外星人擁有性能良好能夠看見我們的望遠鏡，那麼此時他們看見的地球將是恐龍最初的祖先出現的時候。外太空真的有外星人嗎？我們從未見過外星人的樣子，也從未聽過外星人的聲音。外星人是現實的一部分嗎？沒有人知道；可以確定的是，如果外星人真的存在，那麼總有一天我們會知道他們的長相。如果我們靠近外星人，我們的感官會讓我們知道外星人長什麼樣子。或許有一天，人類會發明性能強大的望遠鏡，使我們能從地球觀測到其他行星上的生命。或許我們的電波望遠鏡會偵測到唯有具有智能的外星人才能發出的訊息。現實不只包括我們已經知道的事物：現實也包括已經存在，但我們尚未得知的事物——我們可能要等到未來某個時候才能知道這些事物，屆時我們可能已經造出更好的設備使我們的五官能知覺到這些事物。

原子一直都存在著，但我們知道有原子這個東西卻是相當晚近的事。很可能到了我們子孫的時代，人類對原子的了解會比現在更深入。而這正是科學奇特與令人雀躍之處：科學總是能不斷揭露新的事物。但這不表示任何人夢想的**任何事物**我們都應該深信不疑：我們可以想像出一百萬件事物，但這些事物卻有可能極不真實，例如仙女與妖精，矮精靈與駿鷹。我們的心胸應該保持開放，但我們必須要有真憑實據才能相信事物真的存在。

模型：檢驗我們的想像力

當我們的五官無法直接判別事物的真假時，科學家可以運用我們比較不熟悉的方式來處理這個問題。他們會假設**可能**發生的「模型」，而這種模型可以加以檢驗。我們想像（你或許可以說這是一種猜測）可能存在著某種事物。這種想像我們稱之為模型。如果模型是正確的，則我們應該設法找出我們理當看見或聽見（通常會借助測量儀器）的事物。然後我們應該檢視我們實際看見的事物是否能印證模型。模型可能是用木頭或塑膠製成的複製品，或是一篇數學論文，也可能是電腦上的**模擬**。我們要仔細檢視模型並且**預測**我們應該可以用我們的感官看到（或聽到等等）什麼事物。然後我們要觀察預測是否正確。如果預測正確，這會增強我們的信心，使我們相信模型確實反映

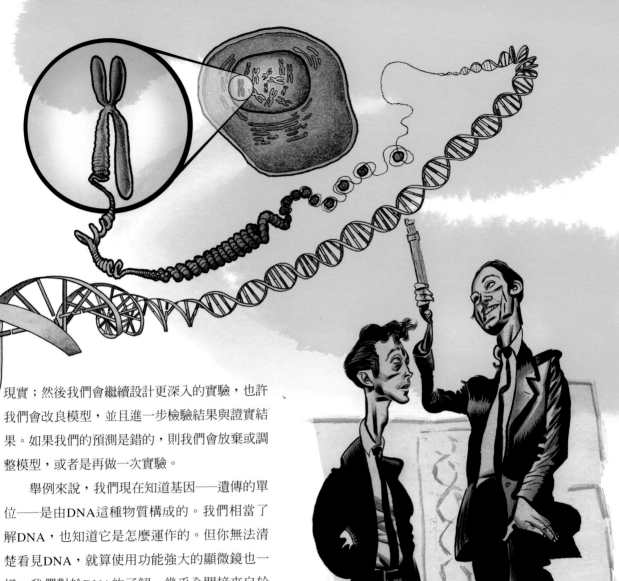

現實；然後我們會繼續設計更深入的實驗，也許我們會改良模型，並且進一步檢驗結果與證實結果。如果我們的預測是錯的，則我們會放棄或調整模型，或者是再做一次實驗。

舉例來說，我們現在知道基因——遺傳的單位——是由DNA這種物質構成的。我們相當了解DNA，也知道它是怎麼運作的。但你無法清楚看見DNA，就算使用功能強大的顯微鏡也一樣。我們對於DNA的了解，幾乎全間接來自於想像模型然後再加以印證。

事實上，早在人類知道有DNA之前，科學家已經從檢驗模型的預測中得知許多基因的資訊。回到十九世紀，一個名叫格瑞戈爾·孟德爾（Gregor Mendel）的奧地利修士在修道院菜園裡做實驗，培育出大量的豌豆。他計算每個世代不同外型特徵的豌豆數量，例如花朵的顏色，皺粒或圓粒種子等等。孟德爾從未見過或碰觸過基因。他看到的無非是豌豆與豌豆花，而且用自己的眼睛計算各種類型的豌豆數量。孟德爾假設

了一個**模型**，這種模型與我們今日稱為基因（孟德爾當時並未使用這個名稱）的東西息息相關。他在每個育種實驗中進行計算（如果他的模型是正確的），發現圓粒豌豆的數量是皺粒豌豆的三倍。孟德爾是用計算的方式發現這個結果。撇開細節不談，孟德爾的「基因」其實是他運用想像力創造出來的：他無法用肉眼看到基因，即使用顯微鏡也一樣觀察不到。但他可以看見圓粒與

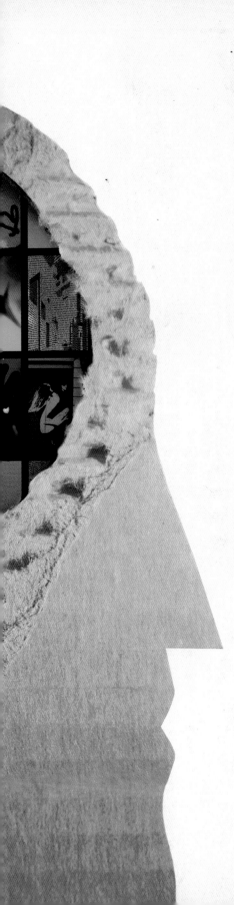

皺粒豌豆，而從計算數量的過程中，他獲得間接的證據，他的遺傳**模型**可以理想地反映真實世界的現象。後世科學家改良孟德爾的方法，他們研究其他的生物，例如果蠅，顯示基因是沿著稱為染色體（我們人類擁有四十六個染色體，果蠅有八個）的線狀體排成一列。科學家甚至可以藉由試驗模型來找出基因在染色體上的排列順序。因此，早在我們知道基因是由DNA構成之前，我們其實已經了解這些資訊。

如今，我們知道DNA，也知道DNA確切的運作方式，這要歸功於詹姆斯・華生（James Watson）與弗朗西斯・克里克（Francis Crick），以及在他們之後許多科學家的貢獻。華生與克里克無法用自己的肉眼看見DNA。他們採行的做法還是一樣，先想像模型，再予以檢驗。華生與克里克使用金屬與厚紙板製作實際的模型來模擬DNA可能的樣子，然後計算可能的尺寸使這些模型看起來更正確。其中一個模型（所謂的雙螺旋模型）的預測完全符合羅莎琳・法蘭克林（Rosalind Franklin）與莫里斯・威爾金斯（Maurice Wilkins）的測量，法蘭克林與威爾金斯曾以特殊設備進行純化DNA的X光照射結晶研究。華生與克里克不久便發現，他們的DNA結構模型得出的結果，與孟德爾在修道院菜園裡得到的結果一模一樣。

我們有三種方式來辨別什麼是真實。我們可以運用五官直接觀察；或者是間接地，以特殊的工具來協助我們的感官，例如望遠鏡與顯微鏡；或者是更間接地，假設**可能**符合真實的模型，然後檢驗這些模型，看它們是否真能成功預測出我們仰賴或不仰賴工具而能看見（或聽見）的事物。總之，最後都要憑藉我們的感官來做出判斷。

這是否意味著，現實中的事物只包括那些能透過我們的感官與科學方法，以直接或間接的方式察覺到的事物？至於其他不能藉由這些方式察覺的事物，例如嫉妒與快樂、幸福與愛情，也就不屬於現實？而這些事物也不真實？

不，絕非如此，這些事物均屬真實之物，唯一的差別

是它們存在於
大腦之中：當然，
這裡指的是人的大腦，此外，
或許還包括其他高等生物的腦子，例如黑猩
猩、狗與鯨魚。岩石不會開心或嫉妒，山嶺也不
懂愛情。對於感受者來說，這些情感再真實不
過，但在大腦產生情感之前，這些情感並不存
在。這些情感，或許還包括其他我們想像不到的
情感，可能存在於其他星球之上，但前提是這些
星球必須存在著大腦或某種等同於大腦的東西：
誰知道呢？也許在宇宙的某個地方潛伏著某種詭
異的思考器官或情感機器也說不定。

科學與超自然：解釋與解釋的大敵

所以，這就是現實，而這就是我們用來判
別真假的方式。本書的每一章將分別討論現實

的某個特殊
面向，例如太陽、
地震、彩虹或各種動物。現
在，我要談談這本書的書名另一個關
鍵字：魔力（magic）。魔力是個難以捉摸
的詞：一般來說它有三種用法，首先我要做的就
是區別這三種用法。我把第一種用法稱為「超自
然魔力」，第二種是「舞臺魔力」，第三種（這
是我最喜愛的意義，也是本書標題採用的意義）
則是「詩意魔力」。

超自然魔力是一種我們可以在神話與童話故
事中看到的魔力（你也可以說這些是「奇蹟」，
不過我現在必須先擱下這個話題，留待最後一

我心裡
想的是
什麼數字？

章再討論）。阿拉丁神燈（Aladdin's lamp）、巫師的咒語、格林兄弟（Brothers Grimm）、安徒生（Hans Christian Andersen）以及羅琳（J. K. Rowling）作品中的魔力均屬此類。這種虛構的超自然魔力讓巫婆能夠施法讓王子變成青蛙，使仙女能將南瓜變成閃閃發亮的馬車。這些都是我們童年記憶中鍾愛的故事，而且我們很喜歡在傳統聖誕佳節表演這些戲碼，但我們也知道這些魔力是虛假的，真實世界根本不存在這種東西。

與超自然魔力相反，舞臺魔力是確實存在的東西，而且同樣能帶來極大的樂趣。或者我們應該說，施展舞臺魔力的時候，**某些事**真的發生了，只不過跟觀眾想的不一樣。舞臺上的男子（不知何故，在舞臺上表演魔術的通常是男性，所以我多半用「他」這個字，但你當然也可以用「她」來代替）讓我們誤以為發生了一件令人吃驚的事（這件事**看起來**甚至像是超自然事件），但**實際上**卻不是那麼一回事。絲巾不可能變成兔子，就像青蛙不可能變成王子一樣。我們在舞臺上看到的只是一種障眼法。我們的眼睛欺騙了我們，或者應該說，魔術師費了九牛二虎之力讓我們受騙上當，他花言巧語地引誘我們注意別的地方，使我們一時忽略了他雙手玩的花樣。

有些魔術師很坦率，他們故意讓觀眾知道他們只是在變戲法，例如詹姆斯‧「令人驚異的」‧蘭迪（James 'The Amazing' Randi）、

雙人魔術師潘與泰勒（Penn and Teller），或戴倫‧布朗（Derren Brown）。儘管如此，這些廣受推崇的表演者卻不願意告訴觀眾他們是**怎麼變**出來的——如果他們洩漏秘密，可能會被逐出魔術圈（魔術師俱樂部）——但他們確實讓觀眾了解，魔術並不是超自然力量。其他一些表演者不主動表明自己施展的只是障眼法，但他們也不會誇大自己的表演，他們只是留給觀眾一種愉快的感受，讓他們覺得自己看見不可思議的事，而這並非故意欺瞞觀眾。不過遺憾的是，有些魔術師確實不太誠實，他們宣稱自己真的擁有「超自然」力量：他們明白表示自己可以靠念力讓金屬彎曲或讓時鐘靜止。這些不實的假貨（用「江湖術士」這個詞來形容他們是再恰當不過）自稱他

們可以用「精神力量」窺知哪裡有豐富的礦脈與油源，他們因此從礦產或石油公司賺進大筆鈔票。其他江湖術士則是利用人性弱點，他們宣稱自己能夠通靈，以此來騙取死者家屬的金錢。事情發展至此，已不能說是趣味或娛樂，而是利用人的盲從與痛苦來牟取暴利。但公允地說，我們或許不應該不由分說地認定這些人全是江湖術士，因為當中還是有一些人眞的以爲自己能夠通靈。

第三種魔力的意義就是我的書名採取的意義：詩意的魔力。我們聽到動人的樂曲而感動落淚，因此我們形容這場表演充滿「魔力」。我們凝視夜空中的星星，此時沒有月光，也沒有城市光害，我們因爲眼前的景象而屏息，這時我們說

這個夜景「充滿魔力」。我們也許還會用這個詞來形容日落的美麗景象或阿爾卑斯山的景致，或繽紛的彩虹映襯著烏雲密佈的天空。從這個意義來看，「魔力」指的是深刻的感動與振奮：它令我們起雞皮疙瘩，讓我們的生命感到充實。我希望本書能讓讀者了解，現實——即透過科學方法了解的真實世界——具有第三種意義的魔力，它充滿詩意，讓我們覺得活著真好。

接下來，我要重新回到超自然的觀念，說明為什麼超自然無法為我們看到的世界與我們周遭的萬事萬物提供真正的解釋。事實上，主張超自然的解釋不僅等同於未做任何解釋，更糟的是，它還將既有的解釋排除在外。怎麼說呢？因為只要我們說某件事是「超自然的」，就等於在定義上排除了自然解釋的可能。表示這件事的原因必定超越科學領域之外，無法用完善建立的、已嘗試過的與已證明的科學方法來解釋，換言之，過去四百多年來人類知識賴以大幅躍進的方法完全派不上用場。因此，說某件事是超自然的，不只

是說「我們不了解這件事」，也等於是說「我們永遠不可能了解這件事，所以連試都不用試」。

科學採取的是完全相反的路徑。到目前為止，科學的欣欣向榮主要在於它無法解釋一切事物。這個局限驅策著科學不斷提出問題，假設可能的模型，並且檢驗這些模型，我們因此能逐步向前推進，越來越接近真理。如果出現與我們目前對現實的理解相牴觸的事件，科學家會把這種狀況視為對當前模型的挑戰，他們要不是要求我們放棄目前的模型，就是要求我們改變它。而正是透過這類調整與隨後的檢驗，我們才得以越來越接近真理。

如果一名偵探被殺人兇手攪得團團轉，他懶得解決這個問題，於是把推理一筆勾銷，直接認定死因是「超自然」，你會做何感想？科學史告訴我們，過去曾認為起因是超自然的事件——神明（無論快樂或憤怒）、魔鬼、女巫、惡靈、詛咒與符咒——實際上都有自然解釋：也就是我們可以理解、檢驗與確信的解釋。我們沒有理由相

信科學**尚未**提供自然解釋的事物一定起因於超自然，這就如同認為火山或地震或疾病是憤怒的神明引起的一樣荒謬無稽，而古人卻深信不疑。

當然，沒有人真的相信青蛙可以變成王子（或反過來，王子可以變成青蛙？到底是什麼變成什麼我從來沒記清楚過）或南瓜變成馬車，但你是否曾停下來想過，**為什麼**這種事情不可能發生？有各種方式可以說明這件事。我最喜歡的解釋如下。

青蛙與馬車是複雜的事物，以特別的方式將許多部分組成特別的整體，這些事物的產生絕非出於偶然（也不是光靠魔杖一揮就能完成）。要產生青蛙或馬車這類複雜事物非常困難。要製造一輛馬車，你必須將所有零件正確組合起來。你需要木匠與其他工匠師傅的技術。馬車不是偶然出現，或者光是彈個指頭口中念道「唵嘛呢叭咪吽」就能完成。一輛馬車具有結構、複雜性與各種功能的零件：輪子與車軸，車窗與車門，避震器與有椅墊的座位。把馬車這種複雜的東西變成

簡單的東西顯然比較容易，例如把馬車燒成灰：仙女的魔杖只需要內建噴燈的功能就能辦到這件事。但是沒有人能將一堆灰燼──或南瓜──變成一輛馬車，因為馬車實在太複雜；馬車不只本身複雜，在**使用**上也複雜：在這個例子裡，馬車還必須供人乘坐。

我們可以讓仙女更省事一點，假定她使用的不是南瓜，而是組裝馬車所需的所有**零件**，這些零件全雜亂地放在一個箱子裡，就像用來製作模型飛機的套件一樣。用來製作馬車的套件是由數百個木板、玻璃片、鐵棍與鐵條，軟墊與皮革，以及釘子、螺絲釘與結合所有零件的黏膠所構成。現在，假定仙女不閱讀說明書，也不依照次序組裝零件；相反地，她把所有零件全塞進一個大袋子裡，然後用力搖晃。這些零件剛好正確組裝成一輛能奔馳載人的馬車的機會有多高？答案是──幾乎不可能。因為要把這些零碎散亂的零件組合起來，**可能的**方式實在多不勝數，你幾乎無法組裝出一輛管用的馬車──或者說，管用的

有時候，我們可以實際算出重新混合零碎物品的次數，例如洗牌，此時我們的「零碎物品」是一張張的紙牌。

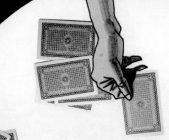

假定發牌人洗牌之後，把牌發個四個玩家，每個人各有十三張牌。我拿起我的牌，結果嚇了一跳。我的手上拿著完整的十三張「黑桃」！我沒騙你，真的全是黑桃。

我實在太驚訝了此時顧不得牌局，連將手上的牌秀給其他個玩家看，我想他們定會跟我一樣吃驚。

然而，其他玩家一個接一個把手上的牌攤在桌上，每當有人放定離手，牌桌旁便響起一陣驚呼。每個人手上的牌都是一條龍：十三張紅心、十三張方塊與十三張梅花。

任何東西。

　　如果你拿了一大袋零件，然後隨意搖晃袋子，這些零件只會在偶然間恰好組成有用或者還算特別的東西。這種事發生的機率微乎其微：如果與完全無法辨識，只能當成垃圾堆的可能性相比，那麼碰巧組成可用成品的機會的確是少得可憐。將零碎物品混合再混合的方式多達數百萬種：有數百萬種方式可以將這些零碎物品轉變成……另一堆零碎東西。你每混合一次，你就能得到獨一無二先前從未看過的垃圾堆──在這數百萬堆零碎東西中，只有極小的可能可以組成有用的物品（例如能載妳去舞會的馬車）或讓你印象深刻與永生難忘的事物。

　　難道有人施展超自然魔力嗎？我們禁不住這麼想。數學家可以計算出這類在偶然間出現的奇妙結果的機率，面對這個數字，我們只能說這的確趨近於不可能：536,447,737,765,488,792,839,237,440,000分之1。我甚至不確定該怎麼念這個數字！你可能要坐下來玩一兆年的牌才可能發出這麼完美的牌型。但是──這才是重點──發生這種事的機率不會比**其他可能出現的發牌結果**更低！五十二張牌**任何一次**的發牌結果，機率都是536,447,737,765,488,792,839,237,440,000之1，因為分母是所有可能發牌結果的總數。我們從未留意發牌時出現的每一種牌型，因為我們認為這些牌型平凡無奇，其實這些結果跟四個玩家都拿到一條龍的機率是一樣的，只是我們總是注視著後者。

　　你可以把王子變成數十億種事物，只要你夠殘忍，敢將王子砍成碎片，然後再隨機將他組成數十億種不同的結合形態。然而絕大多數的組合看起來只會是一團亂──就像數十億種毫無意義、隨機的牌型。把王子的零碎軀體進行隨機組合，其中只有極微小的機率能組合成可資辨識或有用的事物，更甭說要組合成一隻青蛙，那簡直是癡人說夢。

　　王子不會變成青蛙，南瓜也不會變成馬車，因為青蛙與馬車是複雜的事物，它們的各部分與零件可以有近乎無限的無意義組合。此外，我們還知道一項事實，那就是每一種生物──人類、鱷魚、烏鴉、樹木乃至於孢子甘藍──全都是從其他更簡單的形式演化而來的。**演化**的過程全憑運氣？抑或是魔力造成的？不！絕非如此！這是個非常常見的誤解，所以接下來我想解釋為什麼真正的生命並非出於偶然或運氣，也並非如此「不可思議」（除非你說的是詩意的魔力，你當然可以對大自然的造化感到敬畏與欣喜）。

緩慢的演化魔力

一個複雜的有機體一下子變成另一個複雜的有機體——就像童話故事一樣——在現實領域中的確不可能發生。然而複雜的有機體**確實**存在，那麼這些有機體是怎麼出現的？到底這些複雜的有機體，如青蛙與獅子、狒狒與榕樹、王子與南瓜，你與我，是如何存在於這個世界上？從古到今，這個問題一直困擾著我們，沒有人能提出適當的解答。甚至有人虛構故事企圖做出解釋。到了十九世紀，這個問題終於獲得解決，查爾斯·達爾文（Charles Darwin）這位人類史上最傑出的科學家提出了完美的說法。我將利用本章剩餘的篇幅簡短說明他的觀點，並且以不同的方式闡述他的理由。

達爾文認為，複雜的有機體，如人類、鱷魚與抱子甘藍，不可能突然出現，而是漸進地、一步一步從原先的樣子慢慢演變而來。你可以想像，假如你想讓青蛙擁有長腿。為了有好的開始，你可以從稍微接近你希望的目標著手：譬如短腿的青蛙。你可以仔細觀察你的短腿青蛙並且測量牠們的腿長。你可以從裡面挑出腿稍微長一點的雄蛙與雌蛙，讓牠們交配，至於其他短腿的同伴則不讓牠們交配。

腿比較長的雄蛙與雌蛙交配後產生蝌蚪，這些蝌蚪會長出四肢，然後成為青蛙。你測量這些新世代青蛙的腿長，再一次挑出高於平均腿長的雄蛙與雌蛙並且讓牠們交配。

反覆這麼做，經過十代之後，你也許會發現一些有趣的現象。你的蛙群的平均腿長與初代相

比已明顯增長。你甚至可以發現第十代的青蛙**每一隻**的腿長都高於第一代青蛙每一隻的腿長。或許十代還不足以產生這樣的成果：你也許需要進行到二十代或更多的世代。但最後你一定能自豪地說：「我培育出新品種的青蛙，牠們的腿比舊品種的青蛙長得多。」

不需要魔杖，也不需要任何魔力。我們稱這種過程為**育種**（Selective Breeding）。我們利用青蛙彼此間的差異，讓某些特徵透過遺傳──基因從父母傳遞到子女身上──留存下來。只要挑選出我們希望的青蛙加以培育，不符合要求的青蛙則不讓牠繁殖，我們就能產生新品種的青蛙。

相當簡單，不是嗎？但光是讓腿變長還不足以讓人眼睛一亮。畢竟我們一開始使用的是青蛙──差別只在於牠們是短腿的青蛙。我們接下來

可以假定你一開始使用的不是短腿青蛙，而是某種完全不是青蛙的生物，譬如蠑螈。與蛙腿（至少就**後腿**來說）相比，蠑螈的腿更短，而且蠑螈的腿不是用來跳躍，而是用來行走。蠑螈有長尾巴，反觀青蛙完全沒有尾巴，蠑螈的身體比絕大多數的青蛙來得細長。但我認為，你會發現在數千個世代之後，你可以把蠑螈變成青蛙，只要你能耐心連續數百萬個世代進行選擇，挑出有點類似青蛙的蠑螈讓牠們交配，至於其他比較不像青蛙的蠑螈則不讓牠們繁衍後代。在過程中，每個階段都看不出劇烈的變化。每個世代看起來就像上個世代一樣，儘管如此，只要經過夠多的世代，你會發現平均的尾巴長度會稍微縮短，後腿長度則略微增加。在經過極其漫長的世代演變之後，長腿、短尾的蠑螈似乎更容易運用長腿來跳

躍，而非在地上爬行。同樣的道理可以類推。

顯然在剛才描述的場景中，我們把自己想像成育種者，我們把自己想培育的雄性與雌性挑出來，讓牠們繁衍出**我們**希望的品種。農民運用這種技術已有數千年之久，他們用這種方式培育出高產量或高抗病的牛群與農作物。然而，**即使沒有育種的人，挑選仍持續進行**，最早了解這個道理的是達爾文。達爾文發現，整個挑選過程完全出於**自然**。在過程中，基於簡單的理由，有些人活得夠久而能繁衍後代，有些人則很早死亡；這些人之所以能活著繁衍後代，主要是因為他們比其他人擁有更好的條件。之後，存活者的子女也繼承了協助他們父母存活的基因。無論蠑螈或青蛙、刺蝟或蒲公英，當中總有一些個體要比其他個體更能存活。如果長腿剛好有利於生存（例如青蛙或蚱蜢因為善於跳躍而能脫離危險，或者是獵豹獵捕瞪羚與瞪羚躲避獵豹），那麼擁有長腿的個體將減少死亡的機會。牠們將更有可能活著進行繁殖。在這種狀況下，有機會繁殖的個體通常都擁有長腿。因此，在世代傳承的過程中，長腿的基因有更多機會可以傳承到下一代。經過一段時間之後，我們會發現群體中擁有長腿基因的個體越來越多。這個效果與有一個聰明的設計者（例如進行育種的人類）選擇長腿的個體進行育種完全相同──唯一不同的是，**這裡不存在這樣的設計者**：一切都是在自然下自行發生，這是個體能活著進行繁殖與不能活著進行繁殖產生的必然結果。我們稱這個　過程為**天擇**。

經過足夠的世代演變，看起來像蠑螈的祖先會變成看起來像青蛙的子孫。如果經過更多的世代，看起來像魚的祖先會變成看起來像猴子的子孫。如果經過的世代又更多一點，看起來像細菌的祖先會變成看起來像人類的子孫。這樣的演變確有其事。在地球上生存至今的所有動物與植物都經歷了這樣的變化。演變所需的世代數量遠超過你我的想像，然而這個世界已有數十億年之久，我們從化石得知生命起源於三十五億年前，因此生命確實有充裕的時間進行演化。

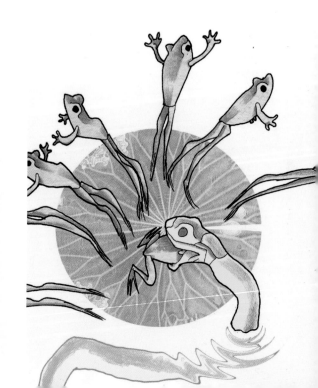

這是達爾文的偉大觀念，又稱為天擇演化。這是人類心靈想出的最重要觀念之一。它解釋了我們對地球上的生命所知的一切。由於這個觀念很重要，所以往後幾章我還會重新再提這個觀念。目前我們只需要知道演化是一段非常緩慢而漸進的過程就已足夠。事實上，正因為演化是漸進的，才有辦法容許青蛙與王子這類複雜的生物出現。從青蛙變成王子，這種不可思議的變化不是漸進的而是突然的，現實世界絕不可能發生這種事。演化是一種真實的解釋，它實際運作著，而且也有真實的證據證明它的存在；凡是認為複雜的生命形式可以在轉瞬間（而非漸進而逐步地演化）出現的說法，只是一種懶人說的故事——它不會比仙女魔杖使出的虛構魔法更具說服力。

至於南瓜變成馬車，就跟青蛙變成王子一樣，拿具有魔力的咒語來解釋顯然說不通。馬車無法演化——至少不像青蛙與王子那樣能自然演化。但馬車與大型客機、鶴嘴鋤、電腦以及石製箭頭一樣，都是人類製造的，而人類**的確**會演化。人類的腦子與雙手會因為天擇而演化，就好像蠑螈的尾巴與青蛙的腿一樣。人腦在演化之後，開始懂得設計與創造出馬車與汽車、剪刀與交響樂、洗衣機與手錶。同樣地，這些都與魔力無關。同樣地，這裡面沒有騙人的玩意兒。同樣地，這些美麗的事物後面都有簡單可解釋的理由。

在本書其他各章，我想向讀者顯示，以科學來理解的真實世界本身就具有魔力。我把這種魔力稱為詩意的魔力：它是一種具啟發性的美。正因為它是真實的，加上我們可以了解它如何運作，因此更顯示出它的不可思議。與真實世界的真實之美及不可思議相比，超自然咒語與舞臺戲法不僅瞠乎其後，而且看起來既廉價又庸俗。現實的魔力既非超自然，也非變戲法，它只是讓人覺得神奇。神奇而真實。**因為**真實才神奇。

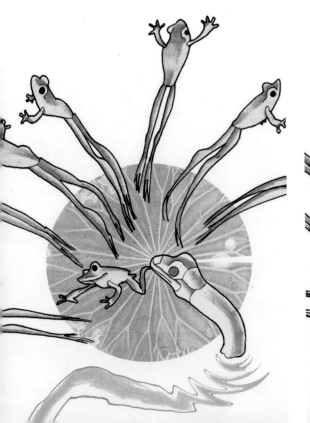

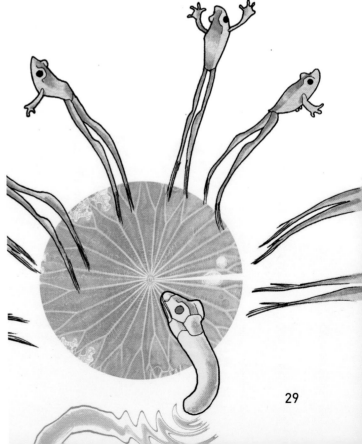

2

WHO WAS the first

誰是最初的人類？

　　本書絕大多數篇章都以某個疑問做為章名，為的是回答問題，或者至少提出最可能的答案，也就是科學的解釋。不過我通常會先提供神話性的回答，因為這種說法比較吸引人而且有趣。過去的人相信這種解釋，直到現在也還有人深信不疑。

PERSON?

　　世界各地民族都有創世神話來解釋自己源自何處。許多部落的創世神話只談自己的部落,彷彿世界上並不存在其他部落!同樣地,許多部落把絕不殺人奉為圭臬,但他們口中所說的「人」指的是自己部落裡的人,如果殺死的是其他部落的人則可以含糊帶過!

　　以下是一則源自塔斯馬尼亞(Tasmania)原住民的典型創世神話。一個名叫莫伊尼(Moinee)的神明在眾星辰的惡戰中,被敵對神明卓梅狄納(Dromerdeener)擊敗。莫伊尼從天上掉落到塔斯馬尼亞,在那兒等待死亡的降臨。莫伊尼想在臨死前為自己最後安息的地方施予祝福,於是祂創造了人類。但莫伊尼自知大限已至,只能匆忙草就,結果忘了為人類添上膝蓋;瀕死的莫伊尼,精神早已渙散,祂心不在焉地為人類安上像袋鼠一樣的尾巴,人類因此無法坐下。之後莫伊尼就死了。

　　人類痛恨身上的尾巴與沒有膝蓋,於是向

上天呼告尋求幫助。

　　偉大的卓梅狄納此時仍在天上熱鬧地進行祂的凱旋儀式。祂聽見凡人的哭喊，於是降臨到塔斯馬尼亞一探究竟。卓梅狄納憐憫人類的處境，給了他們能彎曲的膝蓋，並且將累贅不便的袋鼠尾巴切除，於是他們終於可以坐下了；此後人類終於可以過著幸福快樂的日子。

　　我們經常看到不同版本但內容雷同的神話。這不令人意外，當人類圍坐在營火旁說故事時，他們經常更動故事的細節，因此各地方的故事往往與原始版本有一段差距。塔斯馬尼亞神話還有另一種版本，莫伊尼在天上創造了最初的人類，稱為帕勒瓦（Parlevar）。帕勒瓦無法坐下，因為他有一條像袋鼠一樣的尾巴與無法彎曲的膝蓋。跟原始版本一樣，敵對的神祇卓梅狄納救了他。祂給了帕勒瓦適當的膝蓋，切除了他的尾巴，並且在傷口抹上動物的油脂。帕勒瓦於是順著銀河從天上走下來到了塔斯馬尼亞。

　　中東的希伯來人只信仰一個神，他們相信他們的神力量遠勝敵對部落信仰的眾神。這個神有各種名字，但希伯來人不許直呼祂的名諱。祂用地上的塵土創造了最初的人類，並且稱他為亞當（Adam，也就是「人」的意思）。祂刻意將亞當造得跟自己一樣。事實上，歷史上絕大多數的神祇都被描繪成男人（極少數是女人），而且通常擁有龐大的體格與超自然力量。

　　上帝把亞當安置在一座美麗的園子裡，這座園子稱為伊甸園（Eden），園中種滿果樹，

每一種果子亞當都可以食用——只有一樣不行。這
棵不許摘取的果樹是「分別善惡樹」，上帝明白告
訴亞當，他絕對不可以吃這棵樹上的果子。

　　上帝覺得亞當一個人生活可能感到孤單，於是
想了一個辦法。與卓梅狄納和莫伊尼的故事一樣，
這裡也出現兩個版本的神話故事，而且兩個版本同
時記載於聖經的《創世記》中。在比較生動的版
本裡，上帝造了所有的動物，讓牠們成為亞當的幫
手，然而祂總覺得少了些什麼：一個女人！於是上
帝讓亞當沉睡，切開他的身體，取出一根肋骨，然
後再將他的身體縫合。上帝用這根肋骨造了一個女

人，就像用插枝法種出一朵花
一樣。上帝將這個女人取名夏
娃（Eve），並且帶她到亞當面
前，讓她成為亞當的妻子。

　　遺憾的是，園子裡有一條邪
惡的蛇，牠接近並且說服夏娃把
分別善惡樹上的禁果摘給亞當。
亞當與夏娃吃了果子之後，這才
知道自己赤身裸體。他們感到羞
慚，於是用無花果樹的葉子為自
己編製了裙子。上帝知道亞當與
夏娃吃了能分別善惡的果子，因
此大發雷霆——我想這是因為他
們喪失純真的緣故。上帝將兩人
逐出伊甸園，詛咒他們與他們的
子孫要終身勞苦。亞當與夏娃做
出違背上帝旨意的可怕行為，他
們的故事直到今日仍有許多人嚴

肅以對，認為這是「原罪」的來源。有些人甚至相信我們每一個人都從亞當繼承了這份「原罪」（雖然許多人認為實際上並沒有亞當這個人！），因而必須分攤他的罪愆。

斯堪地納維亞的北歐民族，其中最有名的是從事航海的維京人，他們跟希臘人、羅馬人一樣信奉許多神祇。在這些神祇中有個叫奧丁（Odin）的主神，人們有時稱祂Wotan或Woden，這個字是星期三（Wednesday）的字源（星期四〔Thursday〕這個字源自另一個北歐神祇索爾〔Thor〕，索爾是雷神，當祂用鎚子敲擊時便發出雷鳴的巨響）。

有一天，奧丁與同為眾神的兩個弟弟在海邊走著，偶然間看到兩根漂流木。

祂們把其中一根木頭變成最初的男人，取名為艾斯克（Ask），然後再將另一根木頭變成最初的女人，取名為恩姆布拉（Embla）。創造出最初男女的身體之後，奧丁與兩個弟弟又賦予他們生命的氣息、意識、臉孔與說話的能力。

為什麼是木頭，我不懂？為什麼不是冰柱或沙丘？思考是誰編了以及為什麼編了這些故事，不也是件有趣的事？也許這些神話原創者在編織這些故事時也知道內容純屬虛構。也許這些故事的各個部分是由不同民族在不同時間與不同地點產生出來，往後再由其他民

35

究竟誰才是最初的人類？

族將這些故事的各個部分組合成一個故事，他們或許改變了其中一小部分，或許他們並不曉得故事各個環節原本出於虛假捏造。

故事很有趣，總是令人百聽不厭。但當我們聽到一則繪聲繪影的故事時，不管它是古代神話，還是在網路上流傳的現代「都市傳說」，我們都應該停下來想一想，故事（或者故事中的任何一部分）是不是真的。所以現在我們應該問──誰是最初的人類？──並且提出真實而科學的解答。

這麼說可能讓你嚇一跳，事實上，最初的人類並不存在──因為每個人一定有父母，而這些父母也一定是人！兔子也是一樣。世上並不存在最初的兔子、最初的鱷魚與最初的蜻蜓。每個出生的生物都與牠們的父母屬於相同物種（或許

有極少數例外，在此我們略過不提）。而這就表示，每個出生的生物都與牠們的祖父母屬於相同物種。牠們的曾祖父母，乃至於高祖父母也一樣。以此類推，我們可以無限回溯。

無限回溯？不，我想事情沒這麼簡單。這裡需要一點解釋，而我將進行一場思想實驗。思想實驗就是用你的想像力來做實驗。我們要想像的是不可能發生的事，因為我們要回到自己出生以前的遙遠過去。**想像**自己回到過去可以讓我們了解一些重要的事。現在就讓我們開始進行這場思想實驗，你必須遵循以下指示進行想像。

拿出自己的照片。接著拿出你父親的照片，把你父親的照片疊在你的照片上。拿出你父親的父親，也就是你祖父的照片，然後疊在你父親的照片上。接著，在你祖父的照片上放上你祖父的

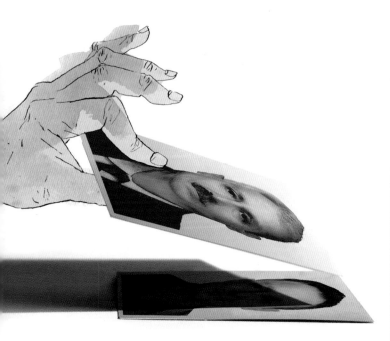

父親，也就是你的曾祖父的照片。你也許從未見過你的曾祖父或外曾祖父。我自己就從未見過，但我知道他們有人當過鄉下學校校長，有人當過鄉下醫師，有人在英屬印度擔任林務官，有人當過律師。擔任律師的這位嗜吃鮮奶油，晚年死於攀岩。此外，即使你不知道你父親的父親的父親長什麼樣子，你還是可以把他想像成皮框照片裡一塊朦朧的淡棕色人影。然後，你可以用相同的方法想像他的父親，也就是你的高祖父的樣子。就這樣，你不斷地堆高照片，不斷地回溯過去，並且出現越來越多世代的祖先。你可以用這種方式想像，甚至回溯到攝影發明之前的時代：畢竟，這是一場**思想**實驗。

我們的思想實驗需要回溯多少世代？喔，說到這個，我想只需要一億八千五百萬代左右就可以做好這項實驗！

「一億八千五百萬代？」

「這樣還叫做只需要？」

要想像一億八千五百萬張照片可不是件容易的事。這些照片堆起來會有多高呢？嗯，如果每張照片的厚度跟一般風景明信片一樣的話，那麼一億八千五百萬張照片堆起來應該會像二十二萬英尺的高塔一樣高：相當於一百八十棟以上的紐約摩天大樓堆疊起來的高度。就算這堆照片不會塌下來（照理應該會塌下來才對），它也實在高不可攀。所以我們乾脆讓它倒向一邊，把所有的照片放在長書架上排成一列。

這個書架有多長呢？

大約有四十英里。

書架最靠近你的這一端擺的是你的照片。最遠的那一端擺的則是一億八千五百萬代以前的祖先。他長什麼樣子？一個頭髮稀疏鬢髮斑白的老人？還是披著豹皮的穴居野人？多想無益，我們雖然不知道他確切的長相，但化石卻給了我們清楚的證據。你在一億八千五百萬代以前的曾祖父長的樣子就像這樣 ⟶

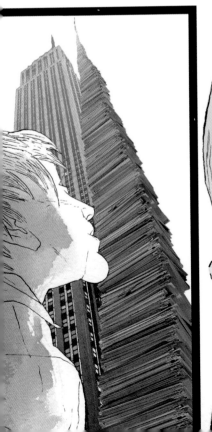

夾在人類跟魚類之間還有許多模樣耐人尋味的祖先，我們很快就會發現，這些祖先看起來就像動物一樣，有些像猿類，有些像猴子，有些甚至像鼩鼱。每張照片與相鄰的照片都很類似，然而如果你任取兩張相隔有一段距離的照片，你會發現兩張照片的差異很大——如果你從人類這一側一直往前走，走得夠遠的話，你就會看到魚類。為什麼會如此？

事實上，要了解這點並不是那麼困難。我們已經熟悉漸變可以累積成劇變的道理。你曾經是個嬰兒，現在的你卻不是。當你到了老年時，你的長相又會變得不一樣。然而在你的日常生活中，當你起床的時候，你看起來跟前一晚上床睡覺時的你一模一樣。襁褓中的嬰兒變成學步的孩子，然後變成兒童，再變成青少年；然後進入壯年、中年，最後成了一個老人。這個變化是漸進的，絕不可能才過了一天你就說：「這個人突然從襁褓中的嬰兒變成學步的孩子。」也絕不可能又過了一天你就說：「這個人從孩子變成了青少年。」當然，你也絕不可能在某一天說：「昨天這個人還是中年人，今天就變成了老頭。」

這點可以協助我們了解我們現在進行的思想實驗，這項實驗帶領我們穿越一億八千五百萬個世代，直到我們面對的是一條魚為止。或者，將時間反轉過來，當你的魚類祖先生下魚類子女，魚類子女又生下魚類子女，這樣世代繁衍下來，經過

是的，你沒看錯，他是一條魚。至於你在一億八千五百萬代以前的曾祖母當時也是一條魚，如果不是這樣，牠們不可能交配，而你也不可能在這裡。

現在讓我們沿著書架走三英里，然後一邊走一邊逐張檢視照片，你會發現每一張照片顯示的物種與前後兩張是一樣的。每一張照片與相鄰兩張照片都很相似——或至少像父子一樣類似。然而如果你從書架的這一端走到另一端，你會發現這一端的照片是人類，另一端的照片卻是魚類。

一億八千五百萬代之後（越來越不像魚類），就生出了人類的你。

這段過程非常漸進，它的速度緩慢到就算你走過一千年的歷史也無法察覺出有什麼變化；或者，就算一萬年也一樣，算一算這個時間點大概是你四百代以前的祖先生存的時代。或者應該說，你一路走來還是會發現許多細微的變化，因為每個人或多或少會跟自己的父親有點差異。但你看不出一般的**趨勢**。從現代回溯到一萬年前，這段時間還不足以看出趨勢。一萬年前的祖先肖像與現代人沒什麼差別，如果硬要挑剔的話，頂多是服裝、毛髮與鬍子這些表面差異。他與現代人的差別，就跟現代人之間的差別是一樣的。

如果是十萬年前呢？這時候應該是你四千代以前的祖先生存的時代。嗯，我想這裡應該會有明顯一點的差異。或許頭蓋骨會稍微厚一點，特別是眉毛下方的位置。然而這層差異仍算輕微。現在讓我們繼續回溯。如果你沿著書架走到一百萬年前的位置，你在五萬代以前的祖先，模樣已經不同到足以算是不同的物種，我們稱為「直立人」（Homo erectus）。眾所皆知，今日的人類稱為「智人」（homo sapiens）。直立人與智人可能無法交配；或者，即使他們能夠交配，生下的子女很可能沒有生育能力——就像騾子一樣，牠是由公驢與母馬交配生下的，幾乎完全沒繁殖後代的能力（我們將在下一章說明原因）。

不過還是一樣，一切仍然是漸進的。你是智人，你在五萬代以前的祖先是直立人。但是直立人不可能一下子就生出智人寶寶。

所以，關於誰是最初的人類，以及他們生活在多久之前，這些問題沒有明確的答案。這當中有一段模糊地帶，就像回答什麼時候開始你不再是嬰兒而是學步的孩子一樣。也許在某個階段，或許在十萬年前到一百萬年前之間，我們的祖先與我們出現明顯的差異，使現代人無法跟他們生下後代。

我們是否可以把直立人稱為人，這是另一個層次的問題，與用語選擇有關——我們稱為語義問題。例如，有些人可能想把zebra（斑馬）稱為stripy horse（有條紋的馬），但另一些人可能希望horse這個字專門用來指稱人類騎乘的馬，至於難以馴養的斑馬則仍沿用zebra這個字。因此，你

五萬代以前的祖先

四千代以前的祖先

也許喜歡用人、男人與女人來指稱智人，這是你的選擇。但絕不會有人想把一億八千五百萬代以前像魚一樣的祖先稱為人類。即使你與他之間有一條連續不斷的鏈條串連在一起，而在這條鏈條上的每個環節都與相鄰的環節同屬一個物種，在這種情況下，把你跟他視為相同的物種仍是相當愚蠢的事。

求助石頭

今日的我們如何得知遠祖的長相，如何得知他們的生存年代？絕大多數必須仰賴化石。本章出現的祖先圖像全是根據化石加以重建，再比照現代動物的模樣塗上顏色。

化石是石頭構成的。這些石頭在偶然間留下死亡的動植物形體。絕大多數動物死亡後沒有機會變成化石。如果你想變成化石，祕訣是將你的屍體埋在種類正確的泥沙裡，也就是最後能夠石化成「沉積岩」的泥沙。

什麼意思呢？岩石分成三種：火成岩、沉積岩與變質岩。在此我要省略變質岩不提，因為變質岩是火成岩與沉積岩在壓力或高溫下變質而成的岩石。火成岩（igneous rocks，源自拉丁文

ignis，火的意思）原本處於熔化狀態，如同從火山噴發出來的岩漿，後來冷卻凝固成堅硬的岩石。堅硬的岩石，無論什麼種類，都會在風化與侵蝕下成為較小的岩石、碎礫與沙塵。沙塵懸浮在水中，而後沉積在海、湖或河底形成**有層理的沉積物或泥沙**。經過很長時間之後，沉積物會石化形成**有層理的沉積岩**。這些層理起初呈現平坦或水平分布，但在經過數百萬年之後，我們看到的層理多已傾斜、垂直或扭曲變形（其中成因，見第十章對地震的討論）。

現在，假設有一具動物死屍碰巧被沖刷到泥沙裡，或許這裡正處於河口的位置。如果泥沙日後石化成為沉積岩，那麼動物的屍體腐化後會在石化的岩石裡留下中空的印痕，最後被我們所發現。這是第一種化石，它是動物的印痕或印模化石。第二種化石是中空印痕形成一個鑄模，往後新的沉積物填充到這個鑄模之後，會石化形成動物身體外形的複製品。第三種化石是動物屍體的原子與分子逐一被水中礦物質的原子與分子取代，然而這些礦物質的原子與分子會結晶形成岩石。第三種化石是最好的化石，運氣好的話，動物體內的細部內容會永久地複製下來，保存在化石的中央。

化石甚至可以測定年份。我們能夠測出化石的年代，多半是從測量岩石中的放射性同位素來判斷。我們將在第四章說明什麼是同位素與原子。簡單地說，放射性同位素是一種原子，這種原子會衰變成另一種原子：舉例來說，鈾238

會衰變成鉛206。我們知道原子衰變需要多少時間，所以我們可以把同位素當成放射性時鐘。放射性時鐘就像擺鐘發明前人類使用的水鐘與蠟燭鐘一樣。我們將水箱的底部打洞，讓水以固定的速度流出箱外。如果我們在黎明注滿了水，就能藉由測量水面高度來判斷白晝過了多少時間。蠟燭鐘也是一樣。蠟燭燃燒的速度是固定的，你可以從測量剩餘蠟燭長度得知蠟燭已經燃燒多少時間。以鈾238鐘來說，我們知道一半的鈾238衰變為鉛206需要四十五億年的時間。這段時間就是鈾238的半衰期。因此，只要測量岩石中有多少鉛206，並且比較岩石中還剩下多少鈾238，你就可以計算出從只有鈾238而沒有鉛206的時期至今過了多久時間：換言之，從鈾238鐘「歸零」開始，至今過了多久時間。

那麼，鈾238鐘什麼時候歸零呢？這要看火成岩形成的時間，當岩漿石化成為岩石的時候，就是鈾238鐘歸零之時。沉積岩無法做為校準的對象，因為沉積岩沒有「零時」，這一點相當可惜，因為化石只會出現在沉積岩中。所以，我們必須盡可能找到靠近沉積岩層的火成岩，利用它們來計算年代。舉例來說，如果化石位處的沉積岩層上方是一億兩千萬年的火成岩，下方是一億三千萬年的火成岩，那麼我們就可以推知化石的年代大約介於一億三千萬年前到一億兩千萬年前之間。本章提到的時間都是用這種方法推算出來的。但這些只是近似值，並非精確值。

在放射性同位素中，可以用來當成時鐘的不

僅限於鈾238。還有許多放射性同位素，它們各自擁有長短不一的半衰期。例如碳14的半衰期只有五千七百三十年，對於研究人類歷史的考古學家來說，碳14特別好用。更巧妙的是，許多放射性時鐘的時間尺度會出現交集，我們可以利用這些尺度進行交互核對的工作。而結果通常可以吻合。

碳14時鐘的運用方式與其他放射性時鐘不同。它使用的對象不是火成岩，而是生物體的殘骸，例如老朽的木頭。碳14是放射性時鐘當中時間尺度最短的，但五千七百三十年仍然遠長於人類壽命。姑且不論鈾238長達四十五億年的半衰期，你也許會問，如果我們想測量的年代遠小於碳14的半衰期，我們要怎麼測定它的年代？答案很簡單。我們不需要等到物品內一半的原子衰變，我們只需測量微量原子衰變的速度，例如衰變四分之一或衰變百分之一等等，就可以測定出短期的年代。

回到過去

讓我們進行另一項思想實驗。找幾個夥伴一起進到時光機裡。發動引擎回到一萬年前。打開艙門，看看你眼前的人類。如果你剛好降落在

今日的伊拉克，那麼當地人正處於發明農業的階段。伊拉克以外絕大多數地區仍過著狩獵採集生活，人類到處遷徙獵捕野生動物，採集野生莓果、堅果與根莖類植物為食。你無法了解他們說的話，他們穿的服裝（如果有的話）也與你大不相同。儘管如此，如果你為他們換上現代服裝，幫他們理個現代髮型，他們看起來將與現代人沒什麼不同（或者說，不會比現代人與現代人之間的差異更大）。而且他們也能跟搭乘時光機前來的人生兒育女。

現在，從當地人裡面徵求一名志願者（或許是你四百代以前的祖先，因為這個時期約當他生存的時期），然後搭乘時光機出發，再往前一萬年：也就是距今兩萬年前，你或許有機會見到你八百代以前的祖先。這次你見到的人類全是狩獵採集者，但他們的身體仍與現代人無異，而且也能與現代人繁殖後代，生下的子女也同樣具有生育能力。從這些人當中再找出一名志願者，然後搭乘時光機出發到一萬年前。維持這樣的步調，每次回溯一萬年，每次帶走一名新的乘客，然後帶他們回到過去。

在經過許多次一萬年的跳躍之後，或許你已回到一百萬年前，你將發現當你走出機艙時，映入眼簾的是與我們截然不同的人，他們已無法與

最早開始旅行的成員繁殖後代。但他們可以和最近幾次登機的新乘客生兒育女，這些新乘客幾乎跟他們一樣古老。

我其實是在重複先前的觀點——漸進的改變幾乎難以察覺，就像手錶上移動的時針一樣——只是運用了不同的思想實驗。這個觀點值得我們用不同的方式加以闡述，因為它非常重要，但卻又很難為人所接受（這點不難理解）。

讓我們繼續回到過去的旅程，在探訪那條美麗的魚的路上，我們還要途經不少地方。假如我們的時光機剛剛抵達「六百萬年前」這一站，

我們將在那裡看到什麼？只要我們落腳的地方是在非洲，我們很可能看見我們二十五萬代（世代的數目可能略有增減）以前的祖先。牠們都是猿類，也許看起來有點像黑猩猩。但牠們不是黑猩猩，牠們是我們與黑猩猩共同的祖先。這些祖先與我們的差異太大，因此無法與我們交配，牠們與黑猩猩也同樣因差異太大而無法交配。但牠們可以與在五百九十九萬年前登機的乘客交配。或許在五百九十萬年前登機的也可以。但在四百萬年前登機的恐怕就不行了。

現在讓我們繼續進行每次一萬年的跳躍，我們一路回到兩千五百萬年前這一站。在這裡，我們將會發現你（我）在一百五十萬代以前的祖先——這是個約略的估算。牠們不是猿類，因為牠們有尾巴。如果我們現在遇見牠們，我們會稱牠們是猴子，然而實際上牠們與現代猴子之間的親

二十五萬代以前的祖先
（六百萬年前）

緣性並不會比牠們與我們之間來得近。這些祖先雖然與我們有很大的差異，無法與我們或現代猴子繁殖後代，但牠們與在兩千四百九十九萬年前登機的乘客幾乎完全一樣，因此可以毫無問題地與牠們交配。逐步而漸進地演變，這一路都是如此。

每當我們往回跳躍一萬年，每一次都沒有發現明顯的變化。當我們抵達六千三百萬年前這一站時，讓我們在此稍做停留，看看我們會遇到什麼樣的祖先。我們在這裡可以與我們七百萬代以前的祖先握手（或是爪？）。牠們看起來有點像狐猴或叢猴，而且牠們不只是現代狐猴與叢猴的祖先，也是現代猿猴以及我們的祖先。牠們與現代人類的關係，就跟牠們與現代猴子的關係一樣親近，但牠們與現代狐猴或叢猴的親緣性也不下於與人類及猴子

的關係。牠們無法與任何一種現代動物交配。但牠們或許能與我們在六千兩百九十九萬年前搭載的乘客繁殖後代。讓我們歡迎牠們登機，並且加速航向過去。

到了一億五百萬年前這一站，我們將會遇到四千五百萬代以前的祖先。除了有袋類動物與單

七百萬代以前的祖先
（六千三百萬年前）

一百五十萬代以前的祖先
（兩千五百萬年前）

四千五百萬代以前的祖先
（一億五百萬年前）

孔目動物之外，牠是所有現代哺乳類動物的共同祖先。有袋類動物現在絕大多數分布於澳洲，少數分布於美洲；單孔目動物如鴨嘴獸與針鼴，現在只出現於澳洲與新幾內亞。這張圖片顯示牠嘴裡正銜著牠最喜愛的食物，昆蟲。牠的外表看起來似乎跟某些哺乳類動物很相似，但實際上牠是所有現代哺乳類動物的近親。

到了三億一千萬年前這一站，出現在我們面前的是一億七千萬代以前的祖先。牠不僅是所有現代哺乳類動物的共同祖先，也是所有現代爬蟲類動物（蛇、蜥蜴、烏龜、鱷魚）與所有恐龍（包括鳥類，因為鳥類是恐龍的一支）的共同祖先。雖然牠看起來類似蜥蜴，但牠也是所有現代動物的遠親。這意味著從這個時期開始，蜥蜴就少有變化，不像哺乳類動物那樣變化多端。

旅行至今，我們已經累積了豐富經驗，相信不久就能看見我先前說過的遠古魚類。讓我們再停留一站，也就是三億四千萬年前，在這裡我們看見了一億七千五百萬代以前的祖先。牠看起來有點像蠑螈，牠不僅是所有現代兩棲類動物（蠑

蠑與青蛙）的共同祖先，也是所有其他陸上脊椎動物的共同祖先。

　　接著我們終於抵達四億一千七百萬年前這一站，看到了一億八千五百萬代以前的祖先，也就是第三十八頁那條魚。從這裡，我們還可以繼續向過去推進，我們可以看到越來越多的遠祖，包括各種有顎魚類，然後是無顎魚類，然後……嗯，然後我們的知識開始隱沒到不確定的迷霧之中，因為繼續追溯下去，我們也沒有化石可以供佐證說明。

一億七千五百萬代以前的祖先
（三億四千萬年前）

一億七千萬代以前的祖先
（三億一千萬年前）

DNA 證明我們全是遠親

雖然我們缺少化石來確切告訴我們遠古祖先的長相，但無疑地，地球上所有生物都是我們的遠親，也是彼此的遠親。我們也知道，哪些現代動物彼此是近親（如人類與黑猩猩，或大家鼠與小家鼠），哪些彼此是遠親（如人類與杜鵑，或小家鼠與短吻鱷）。我們如何得知？藉由有系統地比較。現在，最有力的證據來自於DNA的比對。

所有生物的每個細胞都攜帶著遺傳資訊，這些遺傳資訊就是所謂的DNA。DNA拼寫在纏繞得密密麻麻的資料「帶」上，這個資料帶又稱為染色體。這些染色體非常類似舊式電腦讀取的磁片，因為它們攜帶的資訊是**數位的**，而且井然有序地排成一列。染色體構成一長串的「字母」碼，這些字母碼是可以計算數量的：每個字母不是有就是無──並不存在半個字母的狀況。DNA因此是「數位的」，這也是為什麼我說DNA是被「拼寫」出來的。

在每個動物、植物與細菌上觀察到的一切基因都是些與生物構成有關的編碼訊息，這些訊息均以標準字母寫成。這套字母系統只有四個字母可以選擇（相對於英文有二十六個字母），我們以A、T、C與G來表示。許多不同的生物擁有相同的基因，其中的差異甚微。舉例來說，有個稱為FoxP2的基因，所有的哺乳類動物以及其他許多動物都擁有這種基因。它是個數量超過兩千的字母串。本頁下方列了八十個字母，這是從FoxP2中段節錄出來的第831號到第910號字母。上排是人類基因，中排是黑猩猩，下排是老鼠。中排與下排末尾各有一個數字，用來表示黑猩猩與老鼠的基因字母排列，與人類基因字母排列的差異數量。

你可以說所有哺乳類動物的FoxP2都是一樣的，因為它們的字母編碼大體相同，不只是節錄的這八十個字母，而是整個基因的字母均是如此。黑猩猩的字母排列與我們不盡相同，老鼠與我們差異更大。這些差異我們以紅字標出。在FoxP2的兩千零七十六個字母中，黑猩猩與我們不同的有九個，老鼠有一百三十九個。其他基因也是如此。這說明為什麼黑猩猩與我們非常類似，而老鼠與我們迥然不同。

黑猩猩是我們的近親，老鼠是我們的遠親。「遠親」指的是我們與牠們最近

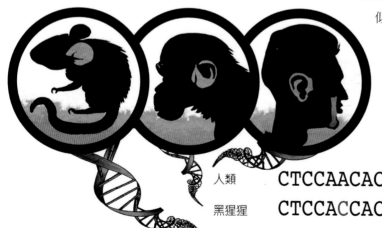

人類　CTCCAACACTTCCAAAGCATCACCACCAAT

黑猩猩　CTCCACCACTTCCAAAGCGTCACCACCAAT

老鼠　CTCCACCACGTCCAAAGCATCACCACCCAT

期的共同祖先存在於遙遠的過去。猴子比老鼠更接近我們，但與黑猩猩相比則遠一些。狒狒與獼猴都是猴子，彼此是近親，而且FoxP2基因幾乎完全相同。牠們與黑猩猩的疏遠程度，就跟牠們與我們的疏遠程度一樣；狒狒與黑猩猩的FoxP2的DNA字母編碼有二十四個不同，與我們則有二十三個不同，差別幾乎一樣。這點說明了一切。

最後我們再提一點為這個簡單的討論作結。青蛙與哺乳類動物的關係顯然相當疏遠。所有哺乳類動物的字母編碼都與青蛙有著相同差異，理由很簡單，哺乳類動物是**完全**同等親近的近親：哺乳類動物的共同祖先（大約在一億八千萬年前）要比牠們與青蛙的共同祖先（大約三億四千萬年前）晚近得多。

當然，不是所有的人類都跟其他人類一樣，狒狒與狒狒如此，老鼠與老鼠也是如此。我們可以比對你我的基因，一個字母一個字母地核對。結果呢？我們之間要比我們與黑猩猩之間擁有更多相同的字母。但我們還是發現一些不同的字母。不多，我們在FoxP2基因上的差異沒有明顯到值得拿出來討論的程度。如果你比對所有人類共有的基因字母編碼，你會發現人與人之間相同的部分遠比人類與黑猩猩之間相同的部分來得多。而你與你的表親相同的部分，遠比你我之間

相同的部分來得多。甚至於你與你的父母相同的部分，要比你的兄弟姊妹來得多。其實，從比對兩人DNA字母編碼的相同程度，可以讓我們看出兩人的親緣關係。這是一種有趣的比對，或許未來我們會更常聽到DNA比對的工作。舉例來說，警察如果有某個人兄弟的DNA「指紋」，就能順利追查到這個人的下落。

有些基因顯然是所有哺乳類動物共有的（只有少許差異）。從這類基因比對字母編碼的差異，有助於判斷不同哺乳類物種的遠近親疏。其他基因則有助於探討較疏遠的關係，例如脊椎動物與蠕蟲。其他基因也能用來探討相同物種不同生物個體的關係，例如你我的親緣性。找個你可能有興趣的例子，如果你來自英格蘭，我們最近期的共同祖先或許就在幾個世紀之前。如果你是塔斯馬尼亞或美洲原住民，我們可能要回溯到數萬年前才能找到共同的祖先。如果你是喀拉哈里沙漠（Kalahari Desert）的布希曼人，我們可能要回溯得更遠才能找到共同的祖先。

可以確定的是，我們與地球上其他所有物種的動植物有著相同的祖先。我們之所以知道這一點是因為在所有生物體內都有著明顯相同的基因，不管這些生物是動物、植物還是細菌。更重要的是，我們也發現所有生物的遺傳密碼——透過密碼轉譯出所有的基因——是相同的。我們是

ATCATTCCATAGTGAATGGACAGTCTTCAGTTCTAAGTGCAAGAC
ATCATTCCATCGTGAATGGACAGTCTTCAGTTCTAAATGCAAGAC
ATCATTCCATAGTGAACGGACAGTCTTCAGTTCTGAATGCAAGGC

9

139

親戚。你的家族樹裡包括的不只是黑猩猩與猴子這類近親，還包括老鼠、水牛、蠑螈、沙袋鼠、蝸牛、蒲公英、金雕、蘑菇、鯨魚、袋熊與細菌。這些都是我們的親戚，每一個都是。這項事實不是比任何神話都要來得神奇嗎？更神奇的是我們很清楚這件事是千真萬確的。

一億八千五百萬代以前的祖先
（四億一千七百萬年前）

③ 為什麼動物的種類如此繁多？

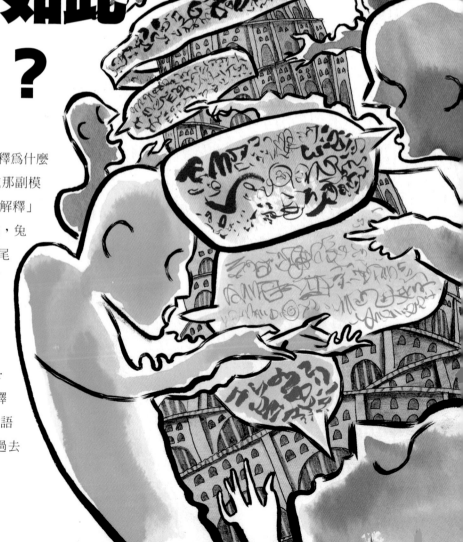

有許多神話試圖解釋為什麼某些種類的動物會長成那副模樣，例如，有些神話「解釋」為什麼豹身上會有斑點，兔子身上為什麼有白色的尾巴。但是我們很少看到有神話解釋為什麼動物的種類如此繁多。在各種說法中，最近似的是猶太人的巴別塔（Tower of Babel）神話，它解釋了為什麼會有這麼多種語言。根據這則神話，過去

MANY different kinds of animals?

曾有一段時間，世上所有的人都說著相同的語言。他們因此能和諧一致地建造起一座高塔，希望能通到天上。上帝注意到他們做的事，祂對於每個人可以聽懂每個人說的話這件事感到憂慮。如果他們可以彼此交談與合作，那麼無論他們接下來要做什麼，幾乎都能成功。於是上帝決定「變亂他們的口音」，使「他們的言語彼此不通」。這則神話解釋了為什麼現在世界上有這麼多種語言，以及為什麼當人們想跟不同部落或國家的人交談時，總覺得對方嘴裡發出來的只是無意義的聲響（babble）。奇怪的是，babble這個字與Tower of Babel其實並沒有什麼關聯性。

我希望能找到與動物種類相關的類似神話，因為我們以下將會談到，語言進化與動物進化之間其實存在著類似性。但似乎沒有任何神話特別提到動物**種類**的**數量**。這一點相當令人驚訝，因為有間接的證據顯示，許多部落民族其實很清楚動物種類極為繁多的事實。一九二○年代，一位今日相當知名的德國科學家恩斯特‧麥爾（Ernst Mayr）針對新幾內亞高地鳥類進行了開創性的研究。他把當時已發現的鳥類編列起來，

總計有一百三十七種，令他驚訝的是，當地的巴布亞人（Papuan tribesmen）其實已經爲其中的一百三十六種命名。

回到神話這個主題。北美的荷皮人（Hopi tribe）信奉一個叫蜘蛛女（Spider Woman）的女神。在創世神話中，祂與日神塔瓦（Tawa）合作，以二重唱的方式唱出最初的神奇之歌（First Magic Song）。這首歌帶來了大地與生命。然後蜘蛛女將塔瓦的思想之線編織成固體，因而

創造出魚類、鳥類與所有其他的動物。

其他北美部落，如普埃布洛人（Pueblo）與納瓦霍人（Navajo），他們的生命神話帶有一點演化的意涵：生命在地球上出現，就像萌芽的植物成長歷經好幾個階段。昆蟲從牠們的世界，也就是第一世界或紅色世界，往上爬到第二世界，也就是藍色世界，第二世界是鳥類生活的地方。

逐漸地，第二世界變得越來越擁擠，於是鳥類與昆蟲往上飛到了第三世界或黃色世

界，這裡是人類與其他哺乳類動物生活的地方。後來黃色世界也變得擁擠起來，糧食也日漸稀少，於是所有的生物，昆蟲、鳥類與每一種動物全往上來到了第四世界，也就是晝夜相循的黑白世界。眾神已經在這裡創造了更聰明的人類，他們知道如何在第四世界耕作，他們也教導新來者如何耕作。

　　猶太人的創世神話稍微提到動物種類繁多的事實，但並未做出解釋。事實上，猶太人的聖經有兩種版本的創世神話，我們曾在上一章提到這一點。在第一個創世神話中，猶太人的神在六天之內創造萬物。第五天，祂創造了魚、鯨與所有海中的生物，以及天空的鳥類。第六天，祂創造了其餘的陸上動物，包括人類。神話的語言稍微提到了生物的數量與種類——

舉例來說，「神就造出大魚，和水中所滋生各樣有生命的動物，各從其類，又造出各樣飛鳥，各從其類」，神又造出「野獸」與「地上一切昆蟲，各從其類」。但為什麼有這麼多種類？聖經並未說明。

　　在第二個創世神話中，我們得到一些暗示，上帝可能認為祂造的最初人類需要各種動物的陪伴。亞當是最初的人類，他被單獨地創造出來，並且被安置在美麗的綠洲花園裡。但之後上帝覺得「那人獨居不好」，於是祂「用土所造成的野地各樣走獸，和空中各樣飛鳥，都帶到那人面前看他叫什麼」。

Why are there REALLY so many different kinds of animals?

究竟為什麼動物的種類如此繁多？

獅子

亞當要為所有動物命名，這是一份艱難的工作，遠比古代希伯來人了解的還要來得艱難。據估計，到目前為止大約有兩百萬個物種擁有學名，然而與未命名的物種相比，這些只不過是一小部分。

兩隻動物屬於相同物種或不同物種？光是這樣的問題就足以讓我們感到為難。動物可以透過交配來繁殖後代，這或許可以做為物種上的一種定義。如果動物無法繁殖後代，就表示牠們屬於不同物種。但其中有一些曖昧不清的例子，例如馬與驢，牠們可以繁殖後代，但生下的後代（稱為馬騾或驢騾）沒有生殖能力——也就是說，騾無法繁殖後代。因此，我們認為馬與驢是不同物

種。比較明顯的例子如馬與狗，牠們顯然屬於不同物種，因為這兩種動物甚至不會嘗試交配，就算真的交配，也無法生下後代，更甭說生下無生殖能力的後代。西班牙獵犬與貴賓狗屬於相同物種，因為牠們可以順利交配，而生下的仔犬也具有生殖能力。

動物或植物的學名由兩個拉丁文組成，通常用斜體字表示。第一個字指「屬」（genus）或一群物種，第二個字指「屬」以下的個別物種。例如Homo sapiens（「智人」）與Elephas maximus（「非常大的象」）。每個物種上面有屬。Homo是屬名。Elephas也是屬名。Panthera這個屬名除了Panthera leo（獅子）以外，還包括了

食肉目

貓科

美洲豹

Panthera tigris（老虎）、Panthera pardus（豹）與Panthera onca（美洲豹）。Homo sapiens是我們這個屬裡面唯一留存至今的物種，但一些化石也取了同屬的學名，如Homo erectus（直立人）與Homo habilis（巧人）。其他類似人類的化石因為與Homo有相當明顯的差異，因此被歸到不同的屬裡面，例如Australopithecus africanus（非洲南猿）與Australopithecus afarensis（阿法南猿）——附帶一提，這些學名與澳洲沒有任何關係，australo-指的是「南方」，這也是澳洲的字源。

每個屬上面有「科」（family），通常用一般的正體字表示，以大寫開頭。例如貓科（family Felidae）包括獅子、豹、獵豹、大山貓與許多體型較小的貓。每個科上面有「目」（order）。例如貓、狗、熊、鼬與鬣狗屬於食肉目下的不同科。猴、猿（包括我們）與狐猴屬於靈長目下的不同科。每個目上面有綱（class）。所有哺乳類動物都屬於哺乳綱。

當你閱讀這一連串分類過程時，你心中是否形成了一張樹狀圖？那是一棵家族樹：一棵擁有許多分枝的樹，每個分枝又分出一些小枝，每個小枝又分出更細的小枝。細枝的尖端是物種。其他的分類如綱、目、科、屬，這些是分枝與小枝。整棵樹則是地球上所有的生命。

我們可以思索一下為什麼樹木會長出這麼

多細枝。從分枝不斷長出分枝。當我們擁有夠多的分枝的分枝的分枝時，細枝的總數將多得讓人難以計數。達爾文自己曾畫了一張不斷分枝的樹狀圖，這也是他的大作《物種原始》（*On the Origin of Species*）中唯一的一張圖。本頁下方就是達爾文早期畫的樹狀圖，這是他在《物種原始》之前數年，在筆記本中粗略繪製的圖。在書頁頂端，達爾文寫了一則神祕的短訊息給自己：「我想。」你覺得達爾文寫這兩個字的意思是什麼？也許，他正準備寫一句話，結果他的孩子突然打斷他，使他未能寫完這句話。也許，他發現用圖示的方式要比用文字更容易快速表達他內心的想法。或許，我們永遠不會知道實情。書頁上還有其他的筆跡，但難以辨識。解讀某位偉大的

科學家在某天寫下但未公諸於世的筆記，的確是一件令人興奮的事。

接下來的說法不完全符合動物樹狀分枝的實態，但它能讓大家理解基本的原則觀念。想像有一個祖先物種分裂成兩個物種。如果這兩個物種各自分裂為二，則成為四個物種。如果這四個物種各自分裂為二，則成為八個物種，以此類推成為十六個、三十二個、六十四個、一百二十八個、兩百五十六個、五百一十二個……你會發現，如果你持續乘以二，不用花多久時間就能增加到數百萬個物種。這或許能說服你，但你可能仍困惑於物種為什麼必須分裂。關於這點，我想它的理由與人類語言的分化是一樣的，所以讓我們暫停一下，先花點時間思考這個問題。

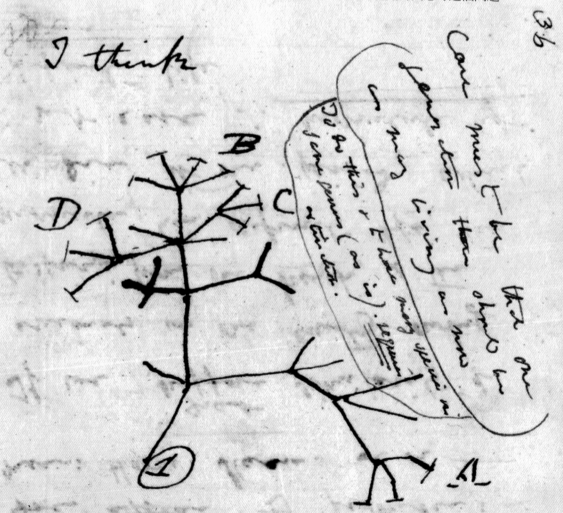

拉扯開來：語言與物種如何分化

　　雖然巴別塔的傳說顯非真實，但它仍引起好奇，爲什麼會有這麼多不同的語言？

　　正如一些彼此類似的物種被歸類爲同一個科，一些彼此類似的語言也會被歸類爲同一個語族。西班牙語、義大利語、葡萄牙語、法語與許多歐洲語言，以及一些方言如羅曼什語（Romansch）、加利西亞語（Galician）、歐克語（Occitan）與加泰羅尼亞語（Catalan），這些語言彼此都極爲類似，因此合稱爲「羅曼斯語族」（Romance）。羅曼斯語族這個名字其實源自於共通的拉丁語，也就是羅馬語。它跟羅曼史無關，不過我們倒是可以利用表達愛意的方式爲例來進行說明。依照自己國家的語言，每個人可以用不同的方式表現自己的情感：Ti amo、Amote、T'aimi' 或 Je t'aime（我愛你）。用拉丁語表示就是Te amo——跟現代西班牙語一模一樣。

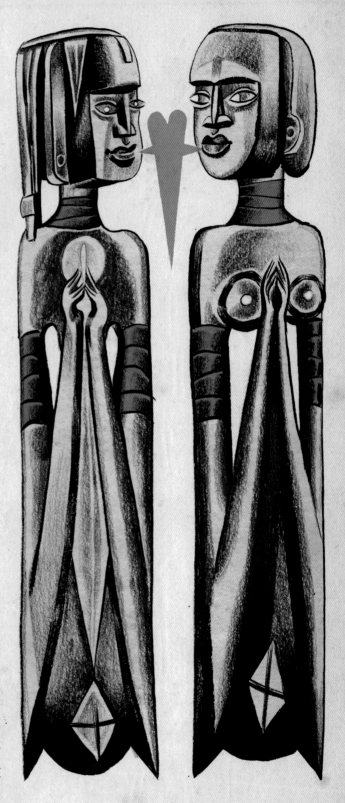

　　在肯亞、塔尚尼亞或烏干達，要向某人示愛，你可以用斯瓦希里語（Swahili）說Nakupenda。稍微往南一點，在莫三比克、尚比亞或馬拉威（我在這裡長大），你可以用奇瓦語（Chinyanja）說Ndimakukonda。如果使用的是南非其他所謂的班圖語（Bantu），你可以說Ndinokuda、Ndiyakuthanda，或者是向一名祖魯人說Ngiyakuthanda。班圖語族的語言與羅曼斯語族的語言差異很大，而這兩個語族又不同於日耳曼語族，後者包括荷語、德語與斯堪地納維亞語族。你可以看見我們如何使用「族」這個字來爲語言分類，正如我們用「科」這個字來爲物種分類（貓科與犬科），當然，我們也會用「家」來

區分彼此，如瓊斯家、羅賓森家、道金斯家。

　　想了解相關語族如何在歷經幾個世紀之後逐漸成形並不難。聆聽你和你的朋友說話的方式，然後再與你的祖父母說話的方式做比較。他們的說話方式與你和你的朋友說話的方式略有不同，但你還是能輕易了解他們在說什麼，不過你們之間畢竟只差了兩代。現在，想像你說話的對象不是你的祖父母，而是你二十五代以前的祖先。如果你剛好是英國人，那麼這表示你將回到十四世紀晚期，也就是詩人喬叟（Geoffrey Chaucer）的時代，他會寫出這樣一段文字：

He was a lord ful fat and in good poynt;
His eyen stepe, and rollynge in his heed,
That stemed as a forneys of a leed;
His bootes souple, his hors in greet estaat.
Now certeinly he was a fair prelaat;
He was nat pale as a forpyned goost.
A fat swan loved he best of any roost.
His palfrey was as broun as is a berye.

嗯，還認得出來是英文吧？但我敢打賭光用聽的絕對很難聽懂這段話在說什麼（如果你想嘗試一下，你可以聆聽現代演員朗讀的喬叟作品：http://bit.ly/MagicofRealityl.）。其中的不同，足以讓你以為那是完全不同的語言，就像西班牙語與義大利語之間的不同一樣。

所以，任何一個地方的語言往往隨著世紀的遞嬗而改變。我們可以說，語言「漂變」（drift）成不同的事物。我們還要考慮到，過去在不同地方說著相同語言的人，很少有機會聽到彼此說話（至少在電話與收音機發明前是如此）；而語言在不同地方會漂變成不同的風貌。不僅說的方式如此，字詞本身也是如此：想想英語以蘇格蘭、威爾斯、喬迪（Geordie）、康瓦爾（Cornish）、澳洲或美國腔表達時有多麼不同。而蘇格蘭人可以輕易區別愛丁堡口音與格拉斯哥口音或赫布里底斯（Hebridean）口音的差異。經過一段時間之後，語言的說法與字詞的使用都帶有地方風格；當表達語言的方式逐漸分道揚鑣，我們稱這些說法是不同的「方言」。

在經過長久的漂變之後，不同地區的方言最後變得差異極大，某個地區的民眾居然無法聽懂另一個地區的民眾所說的話。此時，我們把不同的方言稱為不同的語言。這種情況發生在德語與荷語身上，它們來自共同的但已經滅絕的祖語，並且各自往不同方向漂變。法語、義大利語、西班牙語與葡萄牙語也是一樣，它們是分散到歐洲各地的拉丁語，最後各自發展成獨立的語言。

你可以畫一棵語言的家族樹，把一些「近親」如法語、葡萄牙語與義大利語畫在相鄰的

「分枝」上，把拉丁語這類祖語畫在樹的主幹位置上——就像達爾文描繪的物種一樣。

與語言一樣，物種也隨著時間與距離而變遷。在我們觀察物種**為什麼**變遷之前，讓我們先看看物種**如何**變遷。我們在第二章提過，對物種而言，幾乎可以等同於物種的詞彙是DNA，DNA是每個生物體內帶有的遺傳資訊，它決定了生物體的構成內容。當個別生物透過有性生殖來繁殖後代時，牠們混合了彼此的DNA。當一個地區的棲群遷徙到另一個地區時，牠們的基因也透過與當地棲群交配而進入到該棲群之中，我們稱這種現象為「基因流動」。

義大利語與法語這兩種語言的漸行漸遠，就像成分隔兩地的兩個棲群的DNA，隨著時間演進而變得迥然不同。它們的DNA變得越來越無法結合起來產生下一代。馬與驢可以交配，但馬的DNA與驢的DNA差異實在太大，使兩者無法

相容。說得更明白一點，這兩種動物的DNA可以順利混合——這兩種「DNA方言」可以彼此溝通了解——產生新的生命，也就是騾子，但混合的程度還不足以讓下一代繁殖：如我們先前提過的，騾子沒有生育能力。

物種與語言的重要差異在於，語言可以從其他語言取得「外來語」。舉例來說，英語從羅曼斯語族、日耳曼語族與凱爾特語族發展出來成為獨立的語言之後，過了很長一段時間，它們仍然可以從印度語（Hindi）借用「洗髮精」（shampoo），從挪威語借用「冰山」（iceberg），從孟加拉語借用「平房」（bungalow），以及向因紐特人（Inuit）借用「兜帽夾克」（anorak）。相反地，動物物種一旦演化到無法交配繁殖的程度時，就絕無（或幾乎不可能）再次交換DNA的可能。細菌是其中的例外：它們的確會交換基因，但本書限於篇

幅，無法在這方面多加解釋，因此本章接下來的說法都以動物爲限。

島嶼與孤立：隔絕的力量

因此，物種的DNA就像語言的詞彙一樣，因爲隔絕而產生漂變。何以如此？是什麼促使隔絕發生？一個明顯的可能是海洋。生活在與外界隔絕的島嶼的棲群，彼此間互不往來（就算有，也不頻繁），因此兩個棲群的基因有了各自演化的可能。故而島嶼在新物種的產生上扮演著極重要的角色。不過，我們毋需將島嶼局限在被水圍繞的土地上。對青蛙來說，牠可以生存的「綠洲」就是一個島嶼，外圍環繞著牠無法生存的沙漠。對魚來說，湖泊也是一個島嶼。無論對物種或對語言來說，島嶼相當重要，因爲島

上的棲群切斷了與外界的聯繫（以物種來說，就是阻礙了基因流動，以語言來說，就是阻礙了與其他語言的混同），因而得以走出自己的演化之路。

其次的重點是，島嶼的棲群不需要完全孤立：基因偶爾可以穿越外圍的障礙，無論這些障礙是水還是不適人居的土地。

一九九五年十月四日，一堆原木以及被連根拔起的樹木被吹上了加勒比海島嶼安圭拉（Anguilla）的沙灘。在這堆木頭上有十五隻綠鬣蜥，牠們在經歷了一場驚險的旅程後仍安然無恙，想必牠們應該是從一百六十英里外的小島瓜德洛普（Guadeloupe）漂過來的。之前一個月，颶風路易斯與瑪麗蓮先後吹襲加勒比海地區，將

樹木連根拔起後將其吹入海中。這些颶風在吹倒樹木的同時，也將攀附在上面的鬣蜥（我曾在巴拿馬看過，這些鬣蜥很喜歡攀坐在樹上）一併吹走，使牠們與樹木一同掉落海中。這些鬣蜥最後抵達了安圭拉，牠們爬下簡陋的渡海工具，上到了海灘，開始牠們的新生活。此後牠們就在這處新棲地覓食、繁殖與傳遞基因。

我們知道這件事，是因為當地漁民發現這群鬣蜥抵達了安圭拉。早在數世紀之前，雖然沒有人在當地目擊這一切，但我們幾乎可以確定類似的事件使這群鬣蜥的祖先來到瓜德洛普。而同樣類似的事件大概也可以用來解釋加拉巴哥群島（Galapagos）上的鬣蜥，我們將從這裡進入故事的第二階段。

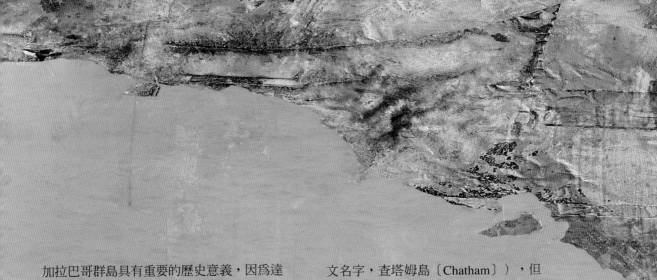

加拉巴哥群島具有重要的歷史意義，因為達爾文很可能就是在這裡第一次想到演化的原理，當時他搭乘小獵犬號，於一八三五年來到此地。加拉巴哥群島是一群位在太平洋上的火山島，接近赤道，位於南美洲以西約六百英里處。這些島嶼都很年輕（只有數百萬年的歷史），主要透過火山作用從海底隆起形成。這意味著島上所有的動植物一定來自別的地方，很有可能是南美大陸，而且時代相當晚近（以演化的標準來看）。抵達之後，這些物種開始從這個島嶼跨越到那個島嶼，牠們的次數頻繁到足以讓牠們散布到所有島嶼上（也許每一百年一次或兩次），但這樣的次數也少到足以讓各個島上的物種得以在生物再次橫渡的這段期間內保有獨立演化的空間，如本章經常提到的「漂變」。

我們不知道最早一批鬣蜥是在何時抵達加拉巴哥群島。牠們或許搭乘木筏從大陸漂流到此地，就像一九九五年漂流到安圭拉的那群鬣蜥一樣。今日，距離大陸最近的島嶼是聖克里斯托巴爾島（San Cristobal，達爾文當時知道的是英文名字，查塔姆島〔Chatham〕），但數百萬年前，當時還有其他離大陸最近的島嶼，只是現在均已沉入海中。鬣蜥可能首先抵達的是那些現在已經沉沒的島嶼，然後再渡海到其他島嶼，包括那些現仍在海平面上的小島。

一旦抵達新的小島，鬣蜥就有機會在新的地點繁殖後代，就像一九九五年抵達安圭拉的鬣蜥一樣。最早抵達加拉巴哥群島的鬣蜥演化出不同的面貌，因而與牠們位於大陸的遠親產生差異。之所以如此，一方面是因為「漂變」（就像語言一樣）的結果，另一方面則是因為天擇有利於新的生存技能：相對貧瘠的火山島，與南美大陸的生活環境非常不同。

不同島嶼間的距離，要比這些島嶼與大陸間的距離來得短。因此，偶然出現的島嶼橫渡相對來說是比較常見的：或許每一百年出現一次，而非每一百萬年出現一次。到最後，鬣蜥終於占領了絕大多數或所有的加拉巴哥群島。儘管如此，鬣蜥橫渡島嶼的次數仍很罕見，各個島嶼因此得以產生獨立的演化過程。亦即，在鬣蜥下一次橫渡到另一座島嶼造成基因「污染」之前，每一座島上的鬣蜥仍有時間漂變。有時演化造成的差異極大，使島嶼與島嶼間的鬣蜥無法進行交配。如今加拉巴哥群島上有三種特定物種的鬣蜥，牠們

彼此之間無法交配。巴靈頓陸鬣蜥（Conolophus pallidus）只出現在聖塔菲島上。加拉巴哥陸鬣蜥（Conolophus subcristatus）生活在幾座島上，包括費爾南迪納島（Fernandina）、伊莎貝拉島（Isabela）與聖塔克魯茲島（Santa Cruz），這些島上的鬣蜥可能也正發展成各自獨立的物種。加拉巴哥粉紅陸鬣蜥（Conolophus marthae）只生活在由五座火山島鏈構成的大島伊莎貝拉最北端的位置上。

順帶一提，這裡還存在著另一個耐人尋味的現象。你應該記得我曾經說過湖泊或綠洲也可以算是島嶼，即使圍繞在它們周圍的並不是水。同樣的道理也可以用來說明伊莎貝拉島的五座火山。島鏈上的每一座火山，四周都圍繞著一圈茂密的綠色植被（如下方圖片顯示的綠色地帶），

我們可以把這些植被看成是綠洲，把每個綠洲區隔開來的火山就如同沙漠。加拉巴哥絕大多數的島嶼只有一個大火山，但伊莎貝拉卻有五座。如果海平面因為溫室效應上升，那麼伊莎貝拉很可能會被海水區隔成五座小島。因此，你可以把每一座火山看成是島中之島。在陸鬣蜥（或巨大的陸龜）眼裡，很可能就是這樣看待伊莎貝拉島的火山，牠們的食物來源主要來自於火山斜坡上的植被。

地理障礙造成的孤立有時可以被穿越，然而只要次數不要過於頻繁，則還是有助於演化分枝（事實上，想促成各自演化不一定非得要有地理障礙。這當中還有其他的可能性，特別是昆蟲，不過為了簡單起見，我不打算在此詳論）。彼此區隔的棲群如果各自演化到一定程度，使得

彼此無法交配繁殖時，則地理障礙就不再需要，因為這兩種物種可以各自演化，不會污染彼此的DNA。這種形式的物種區隔，才是促使地球產生新物種的主因，例如蝸牛的祖先與所有脊椎動物（包括我們）的祖先最初的區隔，造就許多新物種的出現。

　　加拉巴哥群島上的鬣蜥曾在歷史的某個時刻出現演化分枝，產生非常獨特的新物種。某座島（我們不知道是哪一座）上的陸鬣蜥完全改變了生活方式。牠們不再以火山斜坡上的草木為食，而是爬到海邊並且開始啃食海草。天擇促使這些

鬣蜥成為游泳健將，直到今日，牠們的後代仍有潛入海中啃食水草的習性。牠們被稱為海鬣蜥，與陸鬣蜥不同的是，牠們只分布在加拉巴哥群島。海鬣蜥擁有許多奇妙的特徵便於牠們在海中游泳，而這也使牠們不同於加拉巴哥群島與世界其他地方的陸鬣蜥。海鬣蜥顯然是從陸鬣蜥演化來的，但牠們與現今加拉巴哥群島上的陸鬣蜥卻不是特別親近，也許牠們是從更早的、已經絕種的鬣蜥屬演化而來，這些早期的鬣蜥很可能比目前的陸鬣蜥更早從大陸移居島嶼。加拉巴哥群島有各種海鬣蜥，牠們生活在不同的島上，但牠們

並非不同的物種。也許有一天，各個島上的海鬣蜥會各自演化成海鬣蜥屬底下的不同物種。

對於巨大的陸龜、熔岩蜥蜴、奇怪而無法飛行的鸕鶿、小嘲鶇、雀鳥以及加拉巴哥群島上許多其他動植物來說，這些故事都很類似。而且同樣的故事也在世界各地不斷發生。加拉巴哥群島只是其中一個特別明顯的例子。島嶼（包括湖泊、綠洲與山脈）可以產生新的物種。河流也可以。如果動物很難渡過這條河流，那麼河流兩旁棲群的基因就會漂變，正如一種語言漂變成兩種方言，而這兩種方言日後又漂變成兩種語言。山脈有分隔的效果。單純的距離也能產生阻隔。西班牙的老鼠透過不同品種間的雜交，也許可以穿過亞洲一路連結到中國。但是基因要透過老鼠與老鼠的傳遞而散布到遙遠的地方，恐怕要花費很長的時間，這種情況與在分隔的島嶼中一樣。因此西班牙與中國的老鼠在進行演化時，也是各自朝著不同的方向漂變。

加拉巴哥群島上的三種陸鬣蜥，牠們出現演化分枝的歷史只有數千年。經過數億年的時間，擁有共同祖先的子孫之間可能產生像蟑螂與鱷魚的巨大差異。事實上，蟑螂（連同其他許多動物，如蝸牛與螃蟹）與鱷魚（更甭說其他所有脊椎動物）的確擁有共同的祖先。但你必須回溯到非常非常久遠的過去才行，也許要超過十億年前，也就是比你能找到的遠祖還要久遠的過去。久遠到就連猜測什麼時候出現最初的障礙將這些遠祖分隔開來都成問題。無論它是什麼，它必定定位於海中，因為在遙遠的過去，陸地上沒有動物生存。也許遠祖物種只能生活在珊瑚礁上，於是兩個棲群分別以兩座珊瑚礁為棲息地，中間阻隔著一片毫無生命的深水地帶。

我們在上一章提到，你必須回溯到六百萬年前，才能找到人類與黑猩猩最晚近的共同祖先。這樣的年代已經晚近到足以讓我們推測，造成最早演化分枝的地理障礙會是什麼樣子。一般認為，非洲的大裂谷（Great Rift Valley）就是這個地理障礙，人類在東側，黑猩猩在西側，兩者各自走向不同的演化路線。往後，黑猩猩這條演化路線又分成普通黑猩猩與矮黑猩猩：人們認為造成這次分裂的地理障礙是剛果河。我們在上一章提到，所有現存的哺乳類動物的共同遠祖生活在約一億八千五百萬年前。從那時起，共同遠祖的子孫便不斷分枝再分枝，產生了我們今日所見的數千種哺乳類動物，其中包括兩百三十一個食肉目物種（犬、貓、鼬、熊等等），兩千個齧齒目物種，八十八個鯨目與海豚科物種，一百九十六個偶蹄目物種（牛、羚羊、豬、鹿、綿羊），十六個奇蹄目物種（馬、斑馬、貘與犀牛），八十七個兔型目物種，九百七十七個翼手目物種，六十八個袋鼠科物種，十八個人猿總科物種（包括人類在內），以及許許多多從古到今相繼滅絕的物種（包括從化石中得知的少數已滅絕的人類）。

攪拌、選擇與生存

我想用稍微不同的語言將這篇故事重述一次，做為本章的結尾。我已經簡略提到基因流

動；科學家也提到某種稱爲**基因池**的事物，因此現在我想更詳細地說明基因池的意義。當然，這裡並不是眞的有一座基因的池子。「池」這個字讓人聯想到液體，液體裡的基因可能受到攪拌。但基因只存在於生命體的細胞之中。要這麼說的話，提出基因池究竟有何意義？

每個世代的有性生殖使基因進行重組。你出生時擁有的基因是你的父母的基因經過重組來的，而這也意味著基因重組的範圍還包括你的祖父母與外祖父母。同樣的道理可以用來說明經過漫長演化時間的棲群裡的每個個體：數千年，數萬年，數十萬年。在這段期間，有性生殖的基因重組過程促使整個棲群內部的基因徹底重組，事實上就是攪拌，因此我們可以合理地說這是一個巨大且不斷打旋的基因池子，一座名副其實的「基因池」。

你記得我們對物種的定義嗎？物種是一群可以彼此交配繁殖的動物或植物。現在你可以了解爲什麼這個定義很重要。如果兩隻動物是相同棲群相同物種的成員，這意味著牠們的基因已經在這座相同的基因池裡經過攪拌。如果兩隻動物是不同物種的成員，則牠們不可能是相同基因池裡的成員，即使牠們生活在相同地區且頻繁接觸，但牠們的DNA仍無法藉由有性生殖加以混合。如果相同物種的棲群遭到地理的區隔，牠們的基因池就有漂變的可能——漂變得漸形漸遠，導致牠們如果偶然再度相遇，也無法交配繁殖。牠們的基因

池無法混合，所以牠們成爲不同的物種，並且就此分道揚鑣，經過數百萬年之後，牠們可能彼此演變成完全不同的形式，就像人類與蟑螂的差異一樣巨大。

演化意味著基因池出現變化。基因池出現變化意謂著有些基因數量變多，有些基因數量變少。原本常見的基因變得罕見或完全消失，原本

罕見的基因變得常見。結果，物種成員典型的外貌、大小、顏色或行為都改變了：物種演化了，因為基因池的基因數量出現變化。這就是演化。

為什麼不同基因的數量會隨著世代而改變？嗯，也許你會說，經過這麼漫長的時間，如果沒有改變，才令人奇怪。想想語言經過數世紀之後產生的改變。像thee（汝的受格）與thou（汝），zounds（噴！）與avast（停住！），以及像stap me vitals（真要命！）這一類的英語，現在幾乎已無人使用。反觀像 I was like（我認為）這種說法在二十年前還不可理解，現在卻成為日常用語。又如cool（酷）則是用來表示

肯定的意思。

到目前為止，我在這一章只談到，分離的棲群的基因池跟語言一樣，會出現漂變的現象。然而其實物種會發生的變化不只是漂變，還包括天擇。天擇這個極為重要的過程是達爾文最偉大的發現。如果沒有天擇，我們或許還是能預期偶然間分開的基因池會發生漂變，只是漂變將變得漫無目的。天擇賦予演化一種目的性與方向感：亦即生存。能在基因池裡繼續生存的基因就是善於生存的基因。什麼使基因善於生存？善於生存的基因能協助其他基因製造善於生存與繁殖的身體：身體能生存得夠久，才有機會傳遞基因，使整個棲群的生命能延續下去。

確切來說，這些基因運作的方式往往隨物種而異。鳥類或蝙蝠體內的生存基因可以協助生長雙翼。鼴鼠體內的生存基因可以協助生長結實以及如鏟子般的前足。獅子體內的生存基因可以協助生長快速跑動的腿、銳利的腳爪與牙齒。羚羊體內的生存基因可以協助生長敏捷快速的腿與敏銳的聽覺與視力。偽裝成樹葉的昆蟲體內的生存基因可以讓昆蟲看起來與葉子無異。也許細節上容有不同，但對所有的物種來說，這場遊戲的名稱都叫基因池裡的基因生存遊戲。下一次，當你看到動物（任何一種動物）或植物時，看著牠，對自己說：我現在看到的是一部傳遞基因的精巧機器，正是這當中的基因構成了這

部機器。我現在看到的是一部基因生存機器。下一次，當你看著鏡子時，別忘了，你自己就是這麼一部機器。

事物是什麼構成的？

在維多利亞時代，愛德華・李爾（Edward Lear）的《胡言書》（*Book of Nonsense*）是深受孩子們喜愛的童書。此外，他寫的一些詩也受到大家歡迎，如〈貓頭鷹與貓咪〉（The Owl and the Pussycat，這首詩實在太有名了，所以現在大家還耳熟能詳）、〈詹布里〉（The Jumblies）與〈沒有腳趾頭的波伯〉（The Pobble Who Has No Toes）。我喜愛書末尾的食譜，其中有一道麵包屑炸肉排，這道菜一開始是這麼寫的：

> 準備幾片牛肉，盡可能把它們切成最薄的薄片，
> 然後再將這些薄片切得更薄，就這樣連續切個八到九次。

如果你持續切一件東西，把它越切越小，最後會變成什麼樣子？

假設你拿一件東西，用你能找到的最薄最銳利的刮鬍刀片把它切成兩半。

然後你再把這一半切成兩半，然後再切成兩半，就這樣連續不斷地切下去。

最後，切下來的東西是否小到你已經無法再切？刮鬍刀片有多薄？針頭有多細？

構成事物的最小物質是什麼？

made 𝒪𝒻?

希臘、中國與印度這些古代
文明在這方面似乎有著一致
的看法，他們認為事物
是由四種「元素」構
成的，那就是氣、
水、火與土。

古希臘人德謨克
利特（Democritus）得到
的結論比四元素說更接近事實。德謨
克利特認為，如果你把事物切得夠小，最後你將
得到小到無法再切的事物。希臘文的「切」是
tomos，如果你在希臘文前面加上a，就有「無」
或「你不能」的意思。所以a-tomic指的就是事
物已經小到無法再切，而這就是atom（原
子）這個字的由來。金原子是你能找到
的最小的金。即使你把金原子切得更
小，那麼切下來的東西已經不是金。鐵
原子是你能找到的最小的鐵。以此可以
類推。

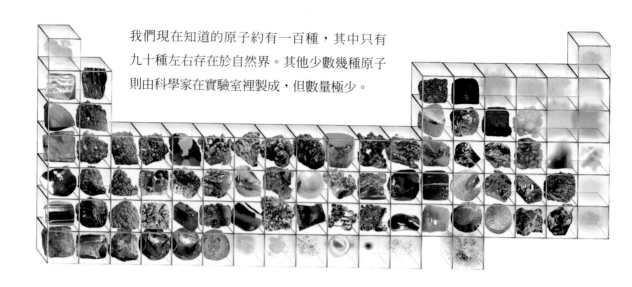

我們現在知道的原子約有一百種，其中只有九十種左右存在於自然界。其他少數幾種原子則由科學家在實驗室裡製成，但數量極少。

由一種原子構成的純物質，我們稱為元素（這個詞過去曾用來表示土、氣、火與水，但意義並不相同）。舉例來說，氫、氧、鐵、氯、銅、鈉、金、碳、汞與氮，這些都是元素。有些元素，例如鉬，在地球相當罕見（所以你很少聽人提起這種元素），但在宇宙其他地方卻很常見（如果你對於我們為什麼知道這件事感到困惑，請參考第八章）。

像鐵、鉛、銅、鋅、錫與汞這些金屬都是元素。此外如氧、氫、氮與氖，這些氣體也是元素。不過我們平時看見的物質絕大多數都不是元素，而是化合物。當兩種或兩種以上的原子以特定方式結合成一種物質時，我們稱這種物質為化合物。你或許聽過有人把水稱為H_2O。這是水的化學式，表示水是由一個氧原子與兩個氫原子結合起來的化合物。一群原子結合起來構成一個化合物，這群原子又叫「分子」。有些分子非常簡單，例如水分子只有三個原子。其他的分子，尤其是生命體裡的分子，往往由數百個原子以特定方式組成。事實上，原子組成的方式，以及組成原子的類型與數量，這些都決定了某些分子為什麼會成為某種化合物而非另一種化合物。

你也可以用**分子**一詞來描述兩個或兩個以上同種類原子組成的物質。氧分子是我們呼吸需要的氣體，由兩個氧原子組成。有時候三個氧原子會組成不同種類的分子，我們稱為臭氧。分子裡的原子數量的確會造成差異，即使這些原子的種類完全相同。

臭氧對呼吸有害，但我們

卻因為地球高層大氣的臭氧層而受益，它使我們免於受到最具破壞力的太陽光線傷害。澳洲人做日光浴必須特別小心的原因，就在於地球最南方的臭氧層出現了一個「大洞」。

晶體——排成閱兵隊形的原子

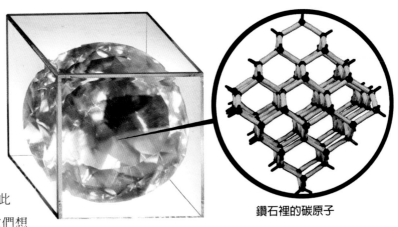

鑽石裡的碳原子

鑽石晶體是一個巨大的分子，沒有固定大小，由數百萬個碳原子固結而成，所有的原子整齊劃一地以非常特定的方式結合成一體。在晶體內部，這些原子彼此間隔的空間完全一致，你可以把它們想成是一群排成閱兵隊形的原子，唯一的差別是它們的隊形是三維空間，就像魚群一樣。不過這種魚群裡的「魚」數量相當驚人，即使是最小的鑽石晶體裡的碳原子，數量也比全世界所有魚類（加上所有人類）的總和多。「固結」是一種容易造成誤導的描述方式，它會讓你把原子聯想成彼此緊挨的固體碳塊，中間完全沒有任何空隙。事實上，我們將會提到，絕大多數「固體」物質是由空的空間構成的。這裡需要一點解釋！我會再做說明。

所有晶體都是由相同的「隊形」構成的，原子以固定的模式排列，彼此間隔的距離完全相同，這種形式決定了整個晶體的形狀。事實上，

我們說的晶體指的就是原子的排列方式。有些「士兵」可以呈現的「隊形」不只一種，因此能產生各式各樣的晶體。當碳原子以某種隊形排列時，可以形成堅不可摧的鑽石晶體。如果碳原子採取的是另一種隊形，則會形成石墨晶體，這種晶體柔軟到可以當作潤滑劑來使用。

我們把晶體想成美麗的透明物體，我們在描述其他透明的事物（例如純水）時也會用「晶瑩剔透」來形容。然而實際上，絕大多數固體事物是由晶體構成的，而且絕大多數固體事物並非透明。鐵塊是由許多微小晶體緊密結合而成，每個晶體都由數百萬個鐵原子組成，這些鐵原子彼此間隔相同，就像鑽石晶體裡「排成隊形」的碳原

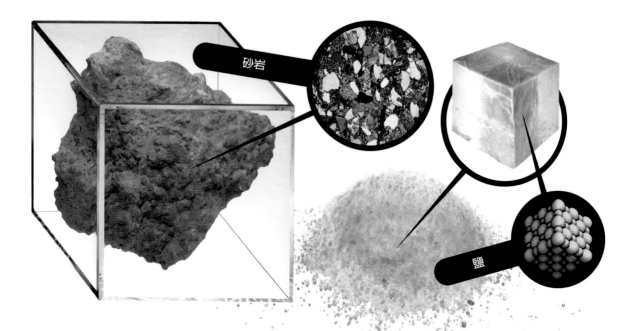

砂岩

鹽

子一樣。鉛、鋁、金、銅，它們分由不同種類的原子晶體構成。岩石（如花崗岩與砂岩）也是一樣，但它們通常混合許多種類不同且緊密結合的微小晶體。

砂也是晶體。事實上，許多砂粒是被水與風磨碎的小粒岩石。泥也是如此，它額外混合了水或其他液體。通常砂粒與泥粒會再次結合成新的岩石，我們稱為「沉積」岩，它由砂與泥的沉積物石化而成。（「沉積物」是沉積在液體底部的固體物質，例如沉積在河底、湖底或海底）。砂岩裡的砂的主要構成物是石英與長石，這兩種晶體是地殼的常見物質。石灰岩的成分則不同。與白堊一樣，石灰岩的成分是碳酸鈣，它來自磨碎的珊瑚骨骼與海貝殼，包括微小的單細胞生物（稱為有孔蟲）的外殼。如果你看見非常白皙的沙灘，上面的砂很可能來自同種類貝殼的碳酸鈣。

有時候，晶體完全由同種類（全來自相同元素）「排成隊形」的原子組成。鑽石、金、銅與鐵均屬此類。但還有一些晶體是由兩種原子組成，同樣也排成嚴謹的隊形，例如兩兩交錯。鹽（食鹽）不是元素，而是鈉與氯兩種元素的化合物。在鹽晶體中，鈉原子與氯原子相互交錯排成隊形。其實在鹽這個例子裡，鈉與氯不稱為原子，而稱為「離子」，但我不打算在此多做解釋。每個鈉離子有六個氯離子鄰接，彼此呈直角：前、後、左、右、上與下。每個氯離子周圍也環繞著鈉離子，方式完全相同。整個排列由許多正方形構成，這是為什麼當你仔細用高倍透鏡觀察時，會發現鹽晶體呈立方體——三維的正方形——或至少邊緣呈方形。另外還有許多晶體是由一種以上的原子「排成隊形」組成，這類晶體很多可以在岩石、砂子與土壤中發現。

固體、液體、氣體——分子如何移動

晶體是固體，但不是所有事物都是固體，其中也有液體與氣體。在氣體中，分子不會像晶體一樣固結起來，只要有空間，氣體分子就會自由

四處衝撞，它們會像撞球一樣直線前進（但它們是在三維空間中移動，而非撞球檯上的二維空間）。氣體分子橫衝直撞，直到撞到別的東西才停下來，例如另一個分子或容器壁面，此時這些分子就像撞球一樣會反彈回來。氣體可以壓縮，這顯示出氣體的原子與分子之間存在著許多空間。當你壓縮氣體時，可以感覺到「彈性」。用手指壓住腳踏車打氣筒的末端，越往下壓，越能感覺到反彈的力道。如果你繼續把手指放在上面，然後任由打氣筒反彈，它會倏地一下子推回原位。你感受到的彈力叫做壓力。壓力是幫浦壓迫活塞（其實壓迫的不只是活塞，但只有活塞能反彈）時空氣（混合了氮、氧與其他氣體）中數百萬分子產生的效果。壓力越大，反彈的速度越快，相同數量的氣體分子局限在較小的空間中就會產生這種現象，打氣筒的活塞反彈是一個例子。你也可以提高溫度，這會加快氣體分子的衝撞速度，壓力也會因此提升。

液體就像氣體一樣，它的分子也會到處移動或「流動」（這是為什麼氣體與液體可以稱為「流體」，而固體不行）。但液體分子要比氣體分子緊密得多。如果你將氣體注入密封的箱子裡，氣體會從底部到頂部布滿箱子的每個角落與縫隙。氣體體積可以迅速擴展填充整個箱子。液體也能填充箱子的每個角落與縫隙，但只能達到某個高度。一定體積的液體，與相同體積的氣體不同，液體的體積是固定的，而且引力會將液體往下拉，因此液體只能從底部往上填滿它所需的箱子容量。液體分子彼此間仍維持緊密關係，與固體分子不同的是，液體分子能在彼此的周圍滑動，因此可以呈現出流體的形態。

固體完全不會填滿箱子——它只是維持自身的形狀。固體分子不會像液體分子一樣在彼此周圍滑動，而是與相鄰分子維持（約略）相同的位置。我說「約略」，因為即使在固體中，分子也會出現某種程度的輕微搖動（溫度越高，搖動越劇烈）：它們只是不會離開它們在晶體「隊形」裡的位置，因此形狀不會改變。

有時液體是「黏稠的」，就像糖蜜一樣。黏稠的液體會流動，只是比較緩慢。非常黏稠的液體最終還是可以填滿箱子底部，但是需要的時間很長。有些液體極其黏稠，流動速

度極其緩慢，因此看起來很像是固體。這類物質的形態雖然類似固體，卻不是由晶體構成。玻璃是一個例子。據說玻璃可以「流動」，只是非常緩慢，需要數百年的時間才看得出來。基於實際目的，我們可以把玻璃當成固體。

固體、液體與氣體是我們為物質三「態」取的名稱。許多物質可以在不同的溫度下呈現出三態。在地球上，甲烷是氣體（通常稱為「沼氣」，因為它從沼澤中產生，有時會在空氣中燃燒，看到的人覺得詭異，於是又稱它為「鬼火」）。然而在土星的衛星泰坦（Titan）上，由於十分寒冷，上面居然分布了許多甲烷湖。如果行星的溫度更低，很可能會出現凍結的甲烷「岩石」。我們以為汞是液體，但那只能說在地球的常溫下汞是液體。如果你在冬天把汞放在北極，你會發現它成了固態金屬。如果你把鐵加熱，到了一定溫度它就會變成液體。事實上，在地心深處的周圍，有一大片液體的鐵與液體的鎳混合而成的海洋。就我所知，在一些溫度非常高的行星上，表面有著液體的鐵海，裡面可能生存著奇異的生物，雖然我自己對此抱著存疑的態度。以我們的標準來看，鐵的凝固點溫度是很高的，因此在地球表面，我們看到的鐵通常是「冷鐵」（Cold iron）*，至於汞的凝固點則相當低，所以我們通常會看到它像「水銀」一樣。在溫度天平的另一端，如果溫度夠高的話，那麼汞與鐵都會變成氣體。

原子內部

在本章一開始，我們想像把事物切成小到不能再小的東西，我們稱這種東西為原子。鉛原子是最小而且仍可稱之為鉛的事物。然而，難道我們真的不能繼續切開原子嗎？鉛原子實際看起來像微小的碎鉛嗎？不，它看起來完全不像鉛的碎片。它看起來什麼都不是。因為原子小到看不見，即使用上高倍顯微鏡也一樣。此外，是的，你的確可以把原子切得更小──但此時你得到的已經不是相同的元素，理由我們很快就會說明。要切開原子是非常困難的事，它會釋放出驚人的能量。正因如此，對有些人來說，「切開原子」似乎充滿了不祥之兆。而這

*你可以google一下。冷鐵這個詞出自詩人魯德亞德・吉卜林（Rudyard Kipling）的詩作，雖然他在今日已顯得有點落伍，但我還是喜歡他的作品。

項壯舉首先於一九一九年由偉大的紐西蘭科學家厄尼斯特‧拉塞福（Ernest Rutherford）完成。

　　雖然我們看不見原子，雖然我們在切開原子的同時無法避免讓它轉變成其他的東西，但這不表示我們無法了解原子的內部。我曾在第一章解釋過，當科學家無法直接看到事物時，他們會假設一個「模型」來說明事物可能的樣子，然後再檢驗那個模型。科學模型是一種思考事物可能樣貌的方法。因此，原子的模型其實是一種心靈圖像，用來說明原子可能的樣貌。科學模型看起來也許像是一種狂想，然而它不只是狂想。科學家不只提出模型，他們還會加以檢驗。科學家說：「如果我想像的模型是真的，那麼我們應該會在真實世界看到如此這般的結果。」他們預測你若做了某項實驗與做了某些測量，則你將得到什麼結果。成功的模型是預測正確的模型，如果這些預測能禁得起實驗檢驗就更好了。如果預測正確，我們希望這表示模型或許能反映真實，或至少一部分真實。

　　有時預測的結果不正確，於是科學家從頭開始並且調整模型，或者再想一個新模型，然後繼續檢驗。無論是調整模型還是重新建立模型，這種提出模型再加以檢驗的過程──我們稱為「科學方法」──絕對要比虛構一個充滿想像而美麗的神話來解釋人們不了解（在時代的限制下，通常是無法了解）的事物，更有可能掌握事物真實的樣貌。

　　早期的原子模型是所謂的「葡萄乾小圓麵包」模型，

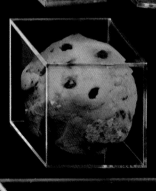

這是十九世紀末偉大的英國物理學家約瑟夫‧湯姆森（J. J. Thomson）提出的。我不打算介紹這個模型，因為它已被更成功的拉塞福模型取代。拉塞福模型最早由剛才提過的那位切開原子的厄尼斯特‧拉塞福提出，他從紐西蘭來到英格蘭，成為湯姆森的弟子，而後承接湯姆森成為劍橋大學物理學教授。拉塞福模型把原子看成具體而微的太陽系，這個模型後來由拉塞福的弟子、著名的丹麥物理學家尼爾斯‧波爾（Niels Bohr）加

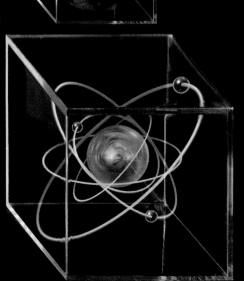

以改進。在原子中央有原子核，原子的質量集中於此。以「軌道」（「軌道」這個詞很容易造成誤解，使人以為電子像繞行太陽的行星一樣，實際上，電子不是位於明確地方的一個小而圓的東西）的形式快速繞行原子核的微小粒子，我們稱為電子。

拉塞福／波爾模型（這個模型或許反映了相當眞實的狀況）裡一個令人驚訝的地方，在於就原子核本身的大小來看，原子核與原子核之間的距離其實相當遙遠，即使是鑽石這麼堅硬的固體，其內部原子核之間的距離也是如此。原子核與原子核之間間隔很長的距離。這一點正是我先前提過要回來再做說明的部分。

　　還記得我說過鑽石晶體是一個巨大的分子，由一群像士兵一樣排成閱兵隊形的碳原子組成，只不過它們的隊形是三維的？好的，我們現在可以添入尺度的概念來改進我們的鑽石晶體「模型」──也就是說，同時加入晶體內部的大小與距離來思考。假如我們不是用士兵，而是用足球來代表晶體內部每個碳原子的原子核，外圍有電子沿著軌道繞行。在這個尺度下，鑽石裡相鄰的足球彼此間隔的距離將超過十五公里。

足球與足球之間這十五公里還包含了沿軌道繞行原子核的電子。如果依照我們的「足球」尺度來看，每個電子的大小甚至還不如一隻蚊子，而這些蚊子般大小的電子距離它們要繞行的足球居然有數公里遠。因此你可以發現——這真是令人訝異！——即使是堅不可摧的鑽石，其內部幾乎是

「空無一物」！

所有岩石無論多麼堅硬而牢固，也是如此。鐵與鉛亦然。就連最堅硬的木頭也不例外。甚至也包括你和我在內。我曾說過固體是由原子「緊密結合」而成，但用「緊密」來形容似乎有點詭異，因為原子本身幾乎完全中空。各個原子的原子核間隔如此之遠——如果將原子核比擬成足球的話——而且在彼此相隔的十五公里之間，只有幾隻蚊子繞著它們打轉。

怎會如此？如果岩石幾乎是中空的，裡面的物質只是點狀分布，就像距離最近的兩顆足球相隔數公里遠一樣，那麼岩石怎會如此堅硬而牢固？它為什麼不像紙牌屋一樣，一坐上去就馬上崩塌？為什麼我們無法一眼看穿岩石？

如果牆壁與我都幾乎是中空的，為什麼我無法穿牆而過？事實上，在退役的美國將領斯達伯拜恩將軍（General Stubblebine）身上曾發生一則相當有趣的故事，他就曾嘗試穿牆而過。這則故事我在上一本書曾經提過。

這是一則真實故事。

一九八三年夏天。艾伯特·斯達伯拜恩三世少將坐在他位於維吉尼亞州阿靈頓的辦公室書桌後面，他的雙眼直盯著牆看，上面掛著無數他獲得的軍事獎章。它們訴說著少將戰功彪炳的軍旅生涯。他是美國陸軍情報指揮部司令，統率著一萬六千名士兵……他的目光其實不是集中在獎章上，而是放在後面那堵牆上。他突然覺得有件事非做不可，儘管光萌生這個念頭就讓他自己嚇了一跳。他思忖自己必須做的這項選擇。他可以繼續待在這間辦公室裡，或者是走進隔壁的辦公室。他做了選擇，而他也確實這麼做了。他決定到隔壁的辦公室……他起身，從書桌後頭走了出來，然後開始走路。他腦子裡不斷想著，到底構成原子的都是些什麼？空間！他加快步伐。我是什麼構成的呢？他想著。原子！他現在幾乎變成小跑步了。牆壁又是什麼構成的呢？他想著。原子！我要做的就是將自己與牆壁的空間合而為一……斯達伯拜恩將軍的鼻子重重砸在他辦公室的牆上。真該死，他腦子裡閃過這麼一句。斯達伯拜恩將軍對於自己一直穿不透這面牆百思不解。

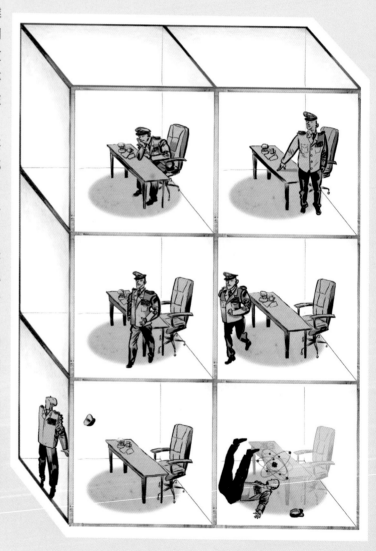

你不得不同情斯達伯拜恩將軍。他知道牆壁跟自己的身體都是原子構成的，而這些原子彼此之間的縫隙很大，就像相隔十五公里的兩顆足球一樣。顯然，如果牆壁跟他的身體充滿了縫隙，那麼他應該能穿過牆壁，只要他能讓自己的原子從牆壁的原子之間鑽過去就行。他為什麼做不到呢？

岩石與牆壁為什麼摸起來如此堅硬，為什麼我們無法將自己身體的空間與它們的空間合而為一？我們必須了解（就像可憐的斯達伯拜恩將軍吃盡苦頭才學到教訓），我們感受到與看到的固體事物不光只是原子核與電子而已——亦即，不光只是「足球」與「蚊子」。科學家也談到「力」、「鍵」與「場」，這些事物會以各種不同的方式使「足球」分離，也能使「足球」的成分繼續結合。正是這些「力」與「場」使事物感覺起來是堅硬的。

當你開始認真觀察原子與原子核這類微小的事物時，「物質」與「空的空間」的區別將開始失去意義。把原子核當成足球一樣的東西並不適切，把原子核之間相隔的距離視為「空的空間」也不正確。

我把固體物質定義成「你無法穿越的東西」。你無法穿越一道牆，因為有神祕的力量把原子核連結起來，使它們處於固定的位置上。而這正是固體的意義。

液體的意義與固體類似，只是神祕的場與力結合原子的方式比較沒有那麼緊密，因此原子可以彼此滑動，這表示你可以涉水而過，只是無法像穿過空氣那麼輕鬆。空氣是氣體（其實混合了多種氣體），它很容易穿越，因為氣體原子可以任意移動，而非彼此緊密結合。氣體變得難以穿越通常只發生在一個情形，那就是當絕大多數原子全朝著相同方向快速移動，而你剛好朝著與它們相反的方向前進。簡單地說，當你逆風（「風」的意義就是如此）而行時就會發生這種狀況。頂著強風令人寸步難行，但頂著颶風或噴射機引擎噴出的人造強風則根本無法前進。

我們無法穿越固體，但我們可以穿越非常小的粒子，例如光子（photons）。光束是成束的光子，光子可以穿過某些固體，例如一些我們稱為「透明」的事物。「足球」在玻璃、水或某些寶石中排列的方式，可以讓

光子

穿過，不過光子的速度會因此減慢，就好像你涉水時速度會減慢一樣。

除了像石英晶體這種極少數的例外，否則岩石多半是不透明的，光子無法穿過它們。光子往往因岩石顏色的不同而被岩石吸收或被岩石表面反射，其他的固體也有雷同的性質。有些固體會以非常特殊的直線反射光子，我們稱為鏡子。但絕大多數固體會吸收光子（這些固體是不透明的），或散亂地反射光子（與鏡子不同）。我們覺得這些固體「不透明」，或者我們覺得它們帶有色彩，主要取決於這些固體吸收與反射了哪些光子。我會在第七章〈彩虹是什麼？〉回來討論色彩這個重要主題。眼下我們必須把討論的範圍局限在非常微小的事物上，我們要直接觀察原子核——足球——內部的狀況。

最微小的事物

原子核其實不像足球。這只是個粗糙的模型。原子核當然不像足球一樣呈圓形。我們甚至不確定原子核是否具有「形狀」。也許「形狀」  就像「固體」一詞一樣,當擺在極微小的尺度觀察時就失去了意義。

更何況我們現在討論的事物真的非常非常微小。

這句話末尾的句號,其實包含了數兆個原子

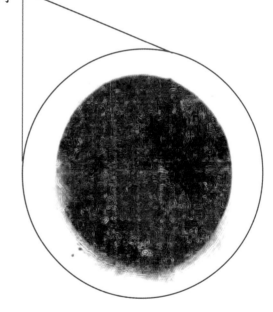

每個原子核內含更小的粒子,稱為質子與中子。你也可以把它們想成球狀,不過就像原子核一樣,它們並不真的是球。質子與中子的大小相仿。它們非常非常微小,儘管如此,它們還是比繞行原子核的電子(「蚊子」)大了一千倍以上。質子與中子不同的地方在於質子帶有電荷。電子也帶有電荷,但與質子的電荷相反。在此我們毋需討論「電荷」的意義。此外,中子不帶電荷。

由於電子非常非常非常微小(而質子與中子只是非常非常微小!),因此原子的質量可以等同於質子與中子的質量。「質量」是什麼?我想,你可以把質量想成類似重量的東西,你可以用重量單位來測量質量(公克或磅)。然而,重量不等同於質量,當中的差異需要解釋,不過我打算留待下一章再來處理。現在你可以先把「質量」當成「重量」來想。

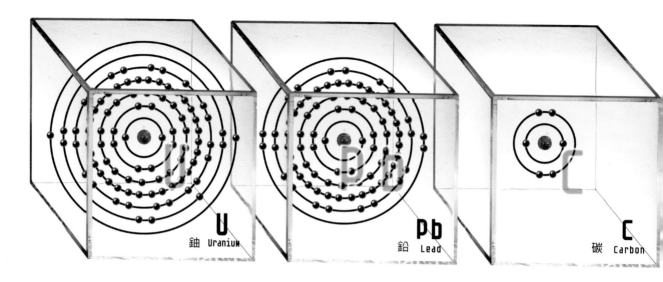

一個物體的質量，幾乎等於它擁有的所有原子的質子與中子質量加總。特定元素的任何原子的原子核質子數量均相同，而原子核的質子數量也與繞行原子核的電子數量相同，不過在計算質量時可以忽略電子不計，因為它們實在太小了。一個氫原子只有一個質子（與一個電子）。一個鈾原子有九十二個質子。鉛有八十二個質子。碳有六個質子。原子擁有的質子數從一到一百（還有一些比一百略多一點）都有，但每一種質子數（與原子數）都有一個且只有這麼一個元素擁有。我不打算列出所有元素，但要列也不難（我的太太拉拉〔Lalla〕有辦法快速背誦所有的元素，她用這種方式訓練自己的記憶力，失眠時背誦一下也有奇效）。

一個元素擁有的質子數（或電子數）又稱為「原子序」。你不僅可以用名稱來辨識元素，

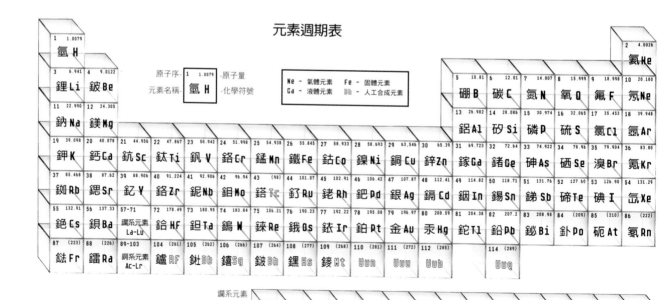

也可以用獨一無二的原子序來辨識元素。舉例來說，碳的原子序是6；鉛的原子序是82。所有的元素全藉由簡便的方式列在元素週期表上——我不解釋這張表的名稱是怎麼來的，雖然背後有一段有趣的故事。現在，我將信守承諾回答先前提到的問題。為什麼你切鉛塊，把鉛塊越切越小，最後竟會出現再切一次，鉛就不是鉛的狀況？鉛原子有八十二個質子。如果你切開原子，就不再是八十二個質子，因此也就不是鉛了。

原子核的中子數不像質子數那麼固定：許多元素擁有不同的中子數，稱為同位素。舉例來說，碳有三種同位素，稱為碳12、碳13與碳14。碳後面的數字指的是原子的質量，也就是質子與中子的總和。這三種碳都有六個質子，因此碳12有六個中子，碳13有七個中子，而碳14有八個中子。有些同位素（例如碳14）具有放射性，表示它們會以可預測的速度轉變成其他元素，但確切時間難以估計。科學家可以利用這種特徵來計

算化石的年代。碳14可以用來為年代不如化石久遠的事物定年，例如古代木船。

那麼，我們把東西越切越小，最後是否只能切到這三種粒子：電子、質子與中子為止？不，即使是質子與中子也還有內部。它們內含著更小的事物，我們稱之為夸克。但我不打算在本書討論夸克，不是因為我認為讀者一定無法了解。而是因為**我自己**也不懂！談到夸克，我們猶如走進了不可思議的奇妙世界。重點是，我們必須知道自己理解的極限在哪裡。我的意思不是說我們永遠無法了解夸克。有一天我們或許可以了解，而科學家也充滿信心地研究這些事物。但我們必須知道自己不了解什麼，並且在一頭栽進去之前先坦承這一點。有些科學家對於這個奇妙世界已有些許認識，但我不是他們。我知道我自己的局限。

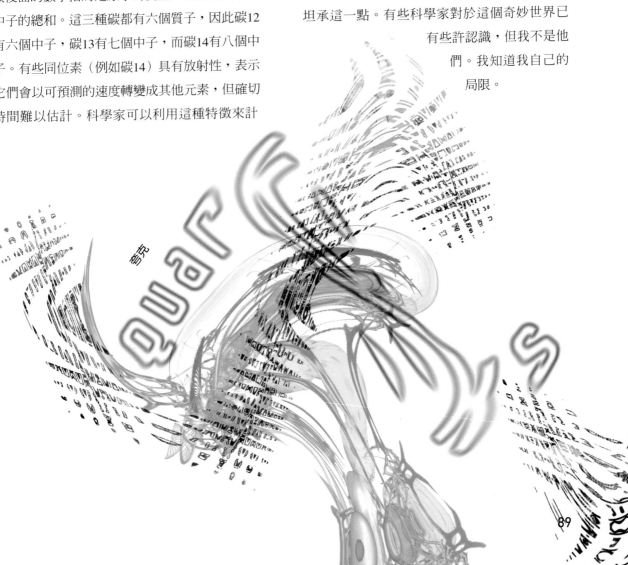

夸克

辛烷

碳——生命的鷹架

　　所有元素均有其獨特之處。然而有一項元素尤其特別，我想簡短討論這項元素做為本章的結尾。這個元素就是碳。碳化學甚至有自己專屬的名稱，而與其他元素的化學相區別，碳化學又叫「有機」化學，其他元素的化學則叫「無機」化學。那麼，碳有何特別之處呢？

　　答案是碳原子會連結其他碳原子而構成鏈。化學化合物辛烷（見左圖）是石油（汽油）的一種成分，它是由八個碳原子（圖裡的黑球）以及碳原子旁連結的氫原子（灰球）組成的短鏈。碳不可思議的地方是它可以構成任何長度的鏈，有些可以連結數百個碳原子。有時候，鏈可以繞個圈連成環狀。舉例來說，右上圖是萘（可以製成防蟲丸），它的分子也是由碳與氫組成的並且形成兩個環狀。碳化學宛如Tinkertoy的裝配玩具組。

　　化學家在實驗室裡成功組合了碳原子，不只形成簡單的環狀，也組成不可思議的、宛如Tinkertoy般的分子，他們稱為巴基球

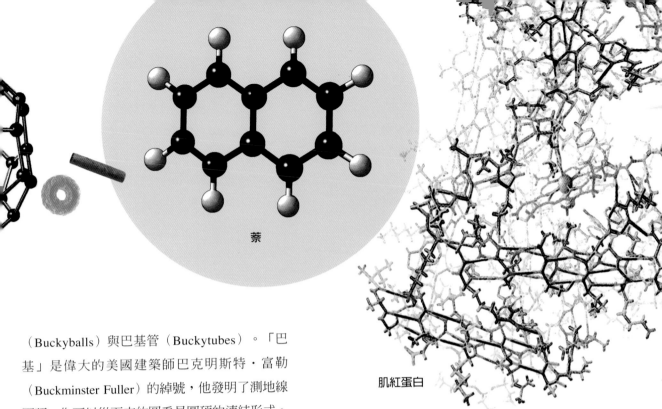

萘

肌紅蛋白

（Buckyballs）與巴基管（Buckytubes）。「巴基」是偉大的美國建築師巴克明斯特・富勒（Buckminster Fuller）的綽號，他發明了測地線圓頂。你可以從下方的圖看見圓頂的連結形式。科學家創造的巴基球與巴基管是人造分子。它們顯示碳原子可以像Tinkertoy一樣結合起來，構成無限龐大的鷹架式結構（最近有一項令人興奮的消息提到，有人偵測到在遙遠外太空星球附近飄浮的塵埃上有巴基球的結構）。碳化學提供了近乎無限可能的分子數量，這些分子的形狀全都不同，其中有數千種可以在生命體中找到。上圖是一個非常巨大的分子，稱爲肌紅蛋白，在我們的肌肉中存在著數百萬個肌紅蛋白分子。這張圖並未顯示個別的原子，只顯示連結原子的鍵。

肌紅蛋白裡的原子並非全都是碳原子，但卻要仰賴碳原子才能組成這些令人驚異的Tinkertoy式的鷹架結構。正是這些結構使生命得以存在。當你想到肌紅蛋白只是生物細胞裡數千個複雜分子的其中一例時，你應該可以想像——正如你在擁有足夠Tinkertoy玩具組的狀況下，你可以隨意組成自己想要的任何結構一樣——碳化學提供了組成生命有機體這類複雜事物所需的各種可能形式。

什麼？沒有神話！

　　本章比較不尋常的地方是一開始並未提到一連串的神話。這是因為要找到與本章主題相關的神話稍微困難了點。不同於太陽、彩虹或地震，令人驚異的微小世界似乎從未成為原始民族關注的焦點。其實你只要稍微想一下就能明白，原始民族甚至無法知道存在著這類微小世界，因此當然不會創造出任何神話來解釋它！一直要等到十六世紀顯微鏡發明了，人類才發現池塘與湖泊、土壤與塵埃，乃至於我們體內，充滿了微小的生物，只是小到肉眼看不見。這些生物複雜而且美麗（從其生存的角度來看），有時看起來有點嚇人，這要看你從什麼角度來觀察牠們。

　　底下圖片裡的生物是塵蟎——牠是蜘蛛的遠親，但小到肉眼無法看見，你頂多可以看見的是一個極微小的黑點。每個家庭裡存在著數千隻塵蟎，牠們爬行於地毯與床上，很可能你睡的床上就爬著塵蟎。

　　如果原始民族知道這些生物，你可以想像他們可能創造出什麼樣的神話與傳說來解釋牠們！但在顯微鏡發明之前，他們做夢也想不到會有這種生物存在——因此也不可能出現關於這些生物的神話。此外，儘管塵蟎極其微小，它們身上仍有一百兆個以上的原子。

　　我們的肉眼看不見塵蟎，但構成塵蟎的細胞顯然比塵蟎更小。生活在塵蟎（以及我們）體內的許多細菌又比細胞更小。

與細菌相比，原子無疑更爲微小。整個世界是由小到令人難以相信的事物構成的，這些事物均非肉眼所能得見——然而世界上所有的神話或所謂的神聖書籍（有些人即使到了現在仍深信這些書籍是全知的神明賜予我們的）卻完全沒有提到這些微小事物！事實上，當你閱讀這些神話與故事時，你可以發現它們對於科學耐心鑽研出來的成果一無所知。它們不會告訴我們宇宙有多大或多久；它們不會告訴我們如何治療癌症；它們不會解釋引力或內燃機；它們不會告訴我們關於微生物，或核融合，或電力，或麻醉劑的事。事實上，這一點都不令人意外，神聖書籍的故事不會記載超越原始民族所知世界以外的資訊（最早就是由這些民族開始講述神聖書籍裡的故事）！如果這些「神聖書籍」眞的是由全知的神祇寫下、口述或啓示的，難道你不會覺得奇怪，這些神祇爲什麼對這些重要而有用的事隻字不提？

5

為什麼有晝夜之分，冬夏之別？

我們的生活受兩個巨大韻律所支配，其中一種韻律比另一種韻律慢得多。比較快的韻律是每天輪替一次的白晝與黑夜，比較慢的韻律是每年輪替一次的冬天與夏天，季節循環一次的時間大約比三百六十五天略多一點。想當然耳，這兩種韻律都孕生了神話。晝夜的循環產生的神話尤多，這是因為太陽由東往西移動的方式頗具戲劇性的緣故。有些民族甚至認為太陽是一輛黃金打造的戰車，由神祇駕駛著橫越天際。

澳洲原住民孤立生活在澳洲大陸上至少四萬年的時間，他們有世界上最古老的神話。這些神話絕大多數是以一個稱為夢時間（Dreamtime）的神祕時代為背景，當時世界

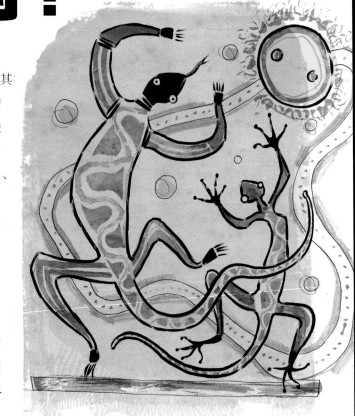

and day, winter and summer?

初創，到處生活著各種動物與身形巨大的祖先種族。不同的原住民族有不同的夢時間神話。以下第一段神話來自於生活在南澳大利亞弗林德斯山脈（Flinders mountains）的原住民族。

在夢時間，有兩隻蜥蜴是朋友。一隻是戈安那（goanna，澳洲巨蜥的名稱），另一隻是蓋可（gecko，一種可愛的小蜥蜴，腳上有具吸力的肉墊，使牠可以在垂直的表面爬行）。兩個朋友發現其他朋友全被「日女」（sun-woman）與她的黃色丁格狗（dingo）群殺害。身形巨大的戈安那對於日女的行徑極其憤怒，於是拿起回力鏢向日女擲去，將她從天空擊落。就這樣太陽消失在西邊的地平線下，整個世界陷入一片黑暗。兩隻蜥蜴感到十分恐慌，牠們拚了命要把太陽擊回天上，好讓世界恢復光明。戈安那拿起另一個回力鏢，往太陽消失的西方扔去。我們知道回力鏢是一種能飛回投擲者手中的奇妙武器，因此蜥蜴們希

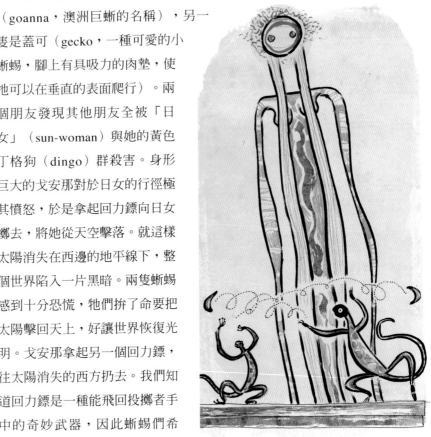

望回力鏢可以把太陽勾回空中。結果失敗了。於是牠們向四面八方扔出回力鏢，希望有一絲機會讓太陽回復原狀。最後，戈安那只剩一個回力鏢，在絕望下，牠把回力鏢往太陽消失的反方向，也就是朝東方扔去。這一次，當回力鏢飛回來的時候，它也成功帶回了太陽。從那時起，太陽就重複一樣的模式，每天在西方消失，從東方出現。

世界各地的神話與傳說都有一項奇妙的特徵：曾經發生的特殊事件，在沒有解釋原因之下，同樣的事情會反覆地發生，直到永遠。

以下是另一則原住民神話，這回是來自於澳洲東南部的原住民族。有人把食火雞（一種澳洲鴕鳥）的蛋扔到天空。從蛋裡孵出了太陽，太陽點燃了剛好位於某處（基於某種理由）的引火柴堆。天神發現光明對人類有益，於是吩咐僕人從今以後每晚都要出去在天空堆足柴火，好讓第二天再度充滿光明。

週期較長的季節循環，同樣也是世界各民族的神話主題。北美原住民的神話與其他民族的神話一樣，經常以動物為主角。加拿大西部的塔爾坦人（Tahltan people）神話裡，豪豬與河狸對於季節該有多長起了爭執。豪豬希望冬天有五個月，於是牠伸出五根手指頭。但河狸希望冬天能持續更久的時間——就像他尾巴上溝槽的數量一樣。豪豬很生氣，牠堅持冬天一定要短一點。豪豬戲劇性地咬掉自己的拇指，然後伸出剩下的四根指頭。從此以後，冬天就成了四個月。我覺得這則神話相當令人失望，因為它已經假定有冬天與夏天，而且只解釋每一季會持續幾個月。希臘神話裡的柏瑟芬妮（Persephone）在這方面至少要好一點。

柏瑟芬妮是主神宙斯（Zeus）的女兒。她的母親是大地豐收女神德莫特爾（Demeter）。

柏瑟芬妮深受母親喜愛，並且協助母親照顧農作物。但冥神哈德斯（Hades）也喜愛柏瑟芬妮。有一天，當柏瑟芬妮在百花盛開的草地上玩耍時，突然地面出現一道巨大的裂縫，哈德斯從地底駕著戰車出現；他擄走柏瑟芬妮，要她當冥府的皇后。德莫特爾在痛失愛女之下，不再讓穀物生長，人們開始挨餓。最後，宙斯派神差赫爾梅斯（Hermes）下到冥府，將柏瑟芬妮帶回到生者與光明之地。遺憾的是，柏瑟芬妮在冥府已經吞下六顆石榴籽，這表示（根據我們都很清楚的神話邏輯）她一年必須要有六個月待在冥府（一顆籽代表一個月）。因此柏瑟芬妮每年只有一部分時間待在地上，也就是從春天到夏天。在這段時間，植物繁茂萬物滋生。但到了冬天，由於她吃了討厭的石榴籽而必須返回冥府，所以地上開始變冷，土地也變得貧瘠，並且草木不生。

what **really** changes day to night, winter to summer?

究竟是什麼使白天變成黑夜，使冬天變成夏天？

當事物以精確的韻律改變時，科學家總是懷疑，要不是有東西像鐘擺一樣來回擺盪，就是有東西周而復始地循環：不斷地繞圈圈。就晝夜與四季的韻律來說，顯然是屬於後者。季節的韻律來自於地球每年繞太陽一周所致，而地球與太陽相距約九千三百萬英里。至於晝夜的韻律則來自於地球像陀螺一樣不斷自轉。

太陽在天空移動的錯覺，就只是個錯覺。它是**相對運動**產生的錯覺。你應該經常看到相同的錯覺。你搭乘的火車停在火車站裡，旁邊併排著一列火車。突然間你感覺火車開始「移動」。但

之後你發覺自己搭乘的火車還是靜止的。是旁邊那列火車在動，而且是朝相反方向開走。我還記得自己第一次搭火車時被眼前的錯覺所吸引（我當時年紀一定很小，因為我還記得自己第一次搭火車時，曾經搞錯一件事。當我們在月臺上等火車時，我的父母一直說著「我們的火車就快到了」與「我們的火車來了」這樣的話，然後又說

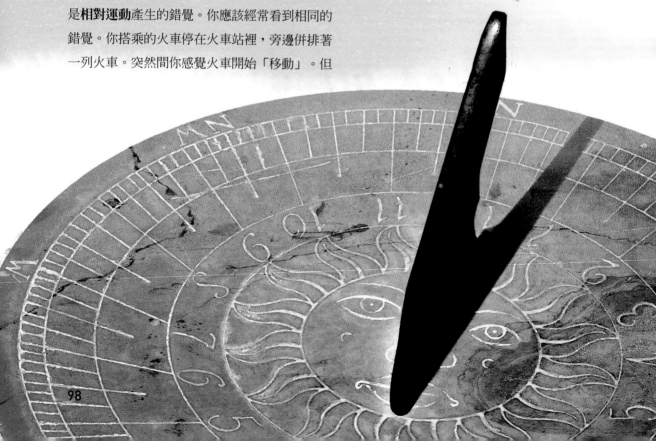

「這是我們的火車」。我很興奮地上了火車，因爲這是**我們的**火車。我在走道上走來走去，對車廂裡的一切感到驚奇萬分，而且還感到驕傲，因爲我以爲我們**擁有**這列火車）。

　　相對運動的錯覺也可以從另一個面向來看。你以爲另一列火車開動了，結果發現是你搭乘的火車在動。要區別表面的移動與實際的移動有時還眞不是那麼容易。比較容易辨別的方式是如果是你的火車開動，那麼車廂顯然一定會晃動一下，而非平順地開始移動。當你的火車趕過另一列速度稍慢的火車時，你有時可以哄騙自己，自己所在的火車其實是靜止不動，是另一列火車緩慢地在倒退行駛。

　　太陽與地球也是一樣。太陽並非眞的在天空中由東往西移動。眞正在動的是地球，就像宇宙中一切星球一樣（順帶一提，其實太陽也會移動，只是我們在此可以忽略），地球不斷地在旋轉。技術上而言，我們可以說地球是繞著自己的「軸線」轉動：你可以把這條軸線想成是一根正好貫穿地球南北極的輪軸。相對於地球，太陽幾乎是靜止不動的（但相對於宇宙其他星球則非如此，但我現在只打算討論太陽與我們，也就是太陽與地球的關係）。地球旋轉得極爲順暢，因此很難感受到它在運動，此外，我們呼吸的空氣也跟我們一起旋轉。若非如此，我們應該會發現四周開始颳起強風，因爲地球旋轉的速度高達每小時一千英里。至少在赤道的旋轉速度確實是如此；當我們越往南北極走，旋轉的速度就越慢，因爲越靠近南北極的地區，繞完地軸一圈的距離顯然比在赤道地區短得多。由於我們感受不到

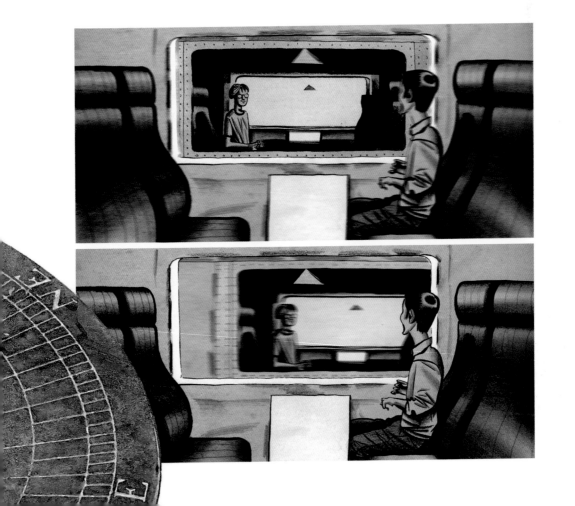

著名的思想家維根斯坦曾問他的朋友兼弟子伊麗莎白·安斯康姆（Elizabeth Anscombe）：

「爲什麼人們說，想像太陽繞著地球轉，要比想像地球繞著自己的軸線轉來得自然得多？」

安斯康姆小姐回答說：

「我想是因爲太陽『看起來』好像繞著地球轉的緣故。」

「嗯」 維根斯坦回道

「這樣的話，如果地球看起來好像繞著軸線轉，那會是什麼樣子？」

你可以試著回答這個問題。

地球在旋轉，而且空氣也跟我們一起旋轉，所以這跟兩列火車的例子很像。我們要判斷自己是否在移動的唯一方式，就是注視沒有跟我們一起旋轉的事物：例如星辰與太陽。我們看到的其實是相對運動，正如在火車上看到的一樣，表面上看來我們好像靜止不動，而星辰與太陽則在天空移動。

如果地球以每小時一千英里的速度旋轉，為什麼當我們在原地跳躍時，我們不會落在不同的地方？類似的例子，當你在一列時速一百英里的火車上時，你可以原地跳躍，而你依然可以落在你原來在火車上起跳的地方。你可以想成當你跳起來的時候，你其實也被火車往前扔了出去，你沒有感覺是因為其他事物也以相同速度往前移動。你可以在火車上垂直往上丟球，然後球又會垂直往下掉。你可以在火車上打一場乒乓球，完全沒有問題，只要火車保持平穩而且不會加速或減速或轉彎（但這種情形只發生在封閉車廂內。如果你在開敞的貨車上打乒乓球，球馬上就被吹跑了。這是因為在封閉車廂中，空氣跟著你一起移動，但在開敞的貨車上則非如此）。當你在封閉的火車車廂中以穩定的速度移動時，無論速度有多快，此時相對於車廂裡的乒乓球或任何事物，你都是靜止不動的。然而，如果火車加速（或減速），此時你在原地跳躍，你會落在不同

的地方！在一列加速、減速或轉彎的火車上打乒乓球，即使此時車廂內的空氣相對於車廂仍是靜止的，但比賽還是會變得有點奇怪。我們稍後再回來這個主題，屆時我們將討論在繞行地球的太空站上丟東西會發生什麼狀況。

不眠不休地工作

黑夜過後是白晝，白晝過後是黑夜，這是因為我們所在地區在地球旋轉時面對著太陽或背對著太陽所致。但同樣具戲劇性的是，至少對遠離赤道地區的人來說是如此，從夏天晝長夜短到冬天晝短夜長的這種季節性變化。

黑夜與白天的差異極為明顯——因為差異實在太大，因此絕大多數動物只能在白天或黑夜之間任擇其一做為主要活動時間，而非兩者兼有。在「休息」時間，動物通常會睡覺。人類與絕大多數鳥類在夜裡睡覺，在白天工作覓食。刺蝟與美洲豹與許多哺乳類動物在夜裡覓食，在白晝睡覺。

同樣地，動物也以不同方式因應冬天與夏天的變遷。許多哺乳類動物在冬天長出厚重的毛皮，然後在春天換毛。許多鳥類與哺乳類會遷移（有時距離還相當遠）到接近赤道的地方過冬，然後在夏天時返回高緯度地區（靠近北極或

101

南極的地區），因為晝長夜短有利於覓食。一種叫北極燕鷗的海鳥，牠的遷徙距離是最長的。北極燕鷗在北半球的夏天在北極生活。等到北半球進入秋天時，牠們開始往南遷徙——但牠們不在熱帶停留，而是一路飛到南極。有些書籍會把南極說成是北極燕鷗的「度冬地」，但當然這種說法相當荒謬：北極燕鷗到南極時，正是南半球的夏天。北極燕鷗遷徙這麼長的距離就是要度過兩個夏天：牠沒有「度冬地」，因為牠根本沒有冬天。我想到我一個朋友說的一句玩笑話，他夏天住在英格蘭，冬天就搬到熱帶非洲去「度過寒冬」！

另外一些動物則是以睡眠的方式度過冬天。這種方式叫做「冬眠」（hibernation），源自拉丁文hibernus，即「與冬天有關」的意思。熊與地松鼠是哺乳類動物與其他動物當中少數會冬眠的動物。有些動物整個冬天一直在睡覺；有些動物則是絕大多數時間睡覺，偶爾會懶散地活動一下，然後再繼續沉睡。這些動物在冬眠時體溫通常會降得很低，牠們體內的一切機能都會下降，乃至於停止運作：這些動物體內的引擎僅維持最低限度的運轉。阿拉斯加甚至有一種青蛙，冬眠時會凍成硬邦邦的冰塊，等到春天融化後才清醒過來。

即使是毋需冬眠或毋需遷徙躲避寒冬的動物（如我們人類），也需要適應季節的變遷。葉子在春天發芽，在秋天掉落（這是為什麼美國把秋天叫做fall的緣故），夏日蔥綠的樹木，到了冬日便變得槁木死灰。羔羊在春天出生，如此牠們才能在溫暖的氣候與新生的青草中成長茁壯。我們也許在冬天長不出茂密的羊毛外衣，但我們可以穿戴它們。

因此，我們不能忽視季節的變遷，但我們

真的了解季節嗎？許多人並不了解。有些人甚至不知道地球需要一年的時間才能繞日一圈——事實上，這就是年的**定義**。根據一項民調，百分之十九的英國人以為地球繞日只需要一個月，其他歐洲國家對此事的了解也好不到哪裡去。

即使知道一年是什麼意思，也有許多人以為地球在夏天時比較靠近太陽，在冬天時離太陽比較遙遠。把這句話講給澳洲人聽吧，他們的耶誕節晚餐可是在溫暖的海灘上穿著比基尼烤肉度過的！你只要想起南半球的十二月是仲夏而六月是仲冬，你馬上就會領悟季節不可能是地球與太陽之間的距離變化造成的。一定還有其他理由。

想解釋季節的變遷，我們必須先了解某個天體為什麼會繞著另一個天體運轉，而這是我們接下來要探討的主題。

進入軌道

為什麼行星會一直繞著太陽轉？為什麼某個星球會繞著另一個星球轉？首先了解這個現象的是十七世紀的艾薩克‧牛頓爵士（Sir Isaac Newton），他是人類有史以來最偉大的科學家之一。牛頓表示，所有的軌道均受到引力的控制——蘋果掉落地面也是引力造成的，某方面來說，行星是大了好幾號的蘋果（唉，牛頓被蘋果打到頭才想出萬有引力，這則故事或許不是真的）。

牛頓想像有一門大砲架在一座非常高的山頂上，砲口水平朝著海上（這座山就位於海邊）。每一顆砲彈似乎都是水平射出，但在此同時，砲

你跟體重計都以相同的速度「下墜」（我們稱爲「自由落體」）；你的腳無法對體重計施加任何壓力，因此也就測不出你的體重。

然而，雖然你沒有重量，卻不表示你沒有質量。如果你奮力從太空站的「地板」一躍，你會射向「天花板」（其實在太空站裡，哪邊是地板哪邊是天花板並不是那麼明顯！），而且無論天花板離你多遠，你都會撞得七葷八素，痛得你哇哇大叫，就像你摔倒時撞到頭一樣。太空站裡所有的事物仍擁有質量。如果船艙裡有一顆砲彈，它會毫無重量地飄浮著，你可能以爲它跟相同大小的海灘球一樣輕。然而一旦你嘗試將它扔到船艙的另一頭，你馬上會發現它並不像海灘球那麼輕。要扔它仍是一件很費力的事，而且只要你嘗試這麼做，你會發現自己也會朝反方向飛出去。砲彈推起來的感覺依然沉重，即使它看起來不像重到會「往下」掉在太空站的地板上。如果你成功地將砲彈扔到船艙的另一頭，則砲彈在碰撞行徑路線上的所有物體時，都會產生重物砸到東西的效果，如果它剛好砸中其他太空人的頭，無論是直接砸中還是撞到牆壁反彈然後砸中，後果都不堪設想。如果它撞到另一顆砲彈，則兩顆砲彈會發出「沉重」的撞擊聲然後彼此彈開，這種結實的撞擊感受完全不同於兩顆乒乓球的撞擊，後者反彈的感覺是很輕盈的。我希望這些例子能讓各位感受到重量與質量之間的差異。在太空站裡，砲彈的質量遠大於氣球，但兩者的重量卻完全相同——都是零。

蛋、橢圓與擺脫引力

　　讓我們回到山頂上的大砲，而且我們還要讓它越來越有威力。結果會發生什麼事？關於這一點，我們必須先了解偉大的日耳曼科學家約翰尼斯・克卜勒（Johannes Kepler）的發現，他的生存年代早於牛頓。克卜勒認為，某個星球繞行另一個星球產生的優雅曲線不完全是個圓，而是古希臘數學家早已知曉的事物：橢圓。橢圓有點類似於蛋形（只能說「類似」，因為蛋不是完美的橢圓）。圓是橢圓的一個特例——你可以想像非常鈍的蛋，也就是矮短得類似乒乓球的蛋。

　　有一種簡單的方式，既能畫出橢圓，又能讓你了解圓是橢圓的特例。拿起一條繩子，將首尾綁起來打結，結越小越好，讓這條繩子變成一個繩圈。現在，在紙上釘上一根大頭針，然後將繩圈勾住大頭針。另外拿一支鉛筆撥住繩圈的另一端，然後拉緊繩圈，使其呈一直線。在拉緊的狀況下，拿起繩圈圈住的鉛筆以大頭針為圓心轉圈畫線，最後顯然你可以畫出一個圓。

　　接下來，在紙上釘上第二根大頭針，這根大頭針要盡可能貼近第一根大頭針，最好是兩根針緊貼在一起。在這種情況下，你還是可以畫出一個圓，因為這兩根大頭針緊貼在一起，可以視為一根大頭針。不過有趣的還在後頭。把兩根大頭針分開個幾英寸。現在如果你同樣拉緊繩圈，則畫出來的不會是一個圓，而是個「蛋形」的橢圓。大頭針分得越開，畫出來的橢圓就越窄。大頭針離得越近，橢圓就會變得越來越寬（更像圓形），直到當兩根大頭針緊貼在一起時，橢圓也就變成一個圓——也就是我們說的特例。

現在我們已經了解橢圓是怎麼回事，所以我們可以回到我們的火力超強的大砲上。它已經發射一顆砲彈到軌道上，我們認為砲彈的軌道近乎圓形。如果我們把火力再加強一點，那麼砲彈的軌道將會「拉得更長」，變成不像圓形的橢圓。這樣的軌道稱為「偏心」（eccentric）軌道。我們的砲彈飛到離地球大老遠的地方，然後轉個彎再飛回來。地球如同兩根「大頭針」的其中一根。另一根「大頭針」並不真的存在，但你可以想像它存在於太空的某個地方。這根想像的大頭針有助於我們從數學進行理解，然而如果它反而困擾你，那麼你就當作沒這回事。重點是地球並不位於「蛋」的中心。軌道在地球一邊（有「想像別針」的一邊）延伸的距離比地球的另一邊（地球本身是「別針」的那一邊）長。

我們繼續加強我們的大砲。現在砲彈可以飛行到離地球非常非常遠的地方，而且幾乎是不轉彎地直線被拉回地球。此時砲彈形成的橢圓軌道的確延伸得很長，等到延伸到一定程度，甚至有可能連橢圓都無法形成：我們發射速度更快的砲彈，讓額外的速度剛好將砲彈推送到臨界點外，使地心引力再也無法將其拉回地球。砲彈達到「逃逸速度」（escape velocity）並且就此消失（未來也有可能被其他天體如太陽所捕捉）。

我們逐步加強大砲的威力，用這種方式描繪從軌道的產生到超越軌道之外的幾個階段。一開始砲彈直接墜入海中。然後，隨著我們逐漸加強火力，我們發射的砲彈形成的曲線逐漸趨近水平，直到我們的砲彈達到必要速度而形成近乎圓形的軌道為止（還記得嗎，圓是橢圓的特例）。接著，我們繼續增加發射速度，軌道逐漸從圓形拉長成為明顯的橢圓。最後，「橢圓」越拉越長，逐漸喪失了橢圓的形狀：砲彈達到逃逸速度

而且就此消失。

技術上來說，地球繞日的軌道是橢圓，但非常近似圓形，因此是一種特例。其他行星也是如此，唯一的例外是冥王星（現在已不被視為行星）。另一方面，彗星的軌道就像一顆非常長而薄的蛋。用來繪製彗星橢圓軌道的兩根「大頭針」顯然相隔非常遙遠。

彗星的兩根「大頭針」，其中之一是太陽，另外一根並非存在於太空中的真實物體，它純粹只是我們的想像。當彗星來到離太陽最遠的地方（稱為遠日點〔aphelion〕）時，也是它速度最緩慢的時候。整體來說，彗星一直處於自由落體的狀態，其中有一部分時間它是朝遠離太陽而非朝接近太陽的方向落下。它緩慢地在遠日點轉彎，然後轉而朝太陽的方向落下。隨著越來越接近太陽（另一根「大頭針」），彗星的速度也越來越快，它在最接近太陽的時候（稱為近日點〔perihelion〕，perihelion與aphelion源於希臘文Helios〔太陽神〕；peri是希臘文「近」的意思，而apo是「遠」的意思），也是它速度最快的時候。彗星在近日點快速繞過太陽，然後繼續以高速遠離太陽朝近日點的反面飛去。在繞過太陽之後，彗星的速度隨著遠離太陽而逐漸減慢，就這樣一路朝遠日點飛去，並且在遠日點時速度達到最慢；彗星將一而再再而三地重複這個軌道。

太空工程師利用某種稱為彈弓效應的原理來改善火箭的燃料效率。卡西尼太空探測器（Cassini space probe）的設計目的是為了探索遙遠的土星，它的行進路線看起來像是不斷地兜圈子，但實際上卻是巧妙運用了彈弓效應。卡西尼使用遠少於直接飛往土星所需的燃料量，方法是沿途借用三顆行星的引力與軌道運動──起初是金星（兩次），然後返回繞行地球，最後從木星

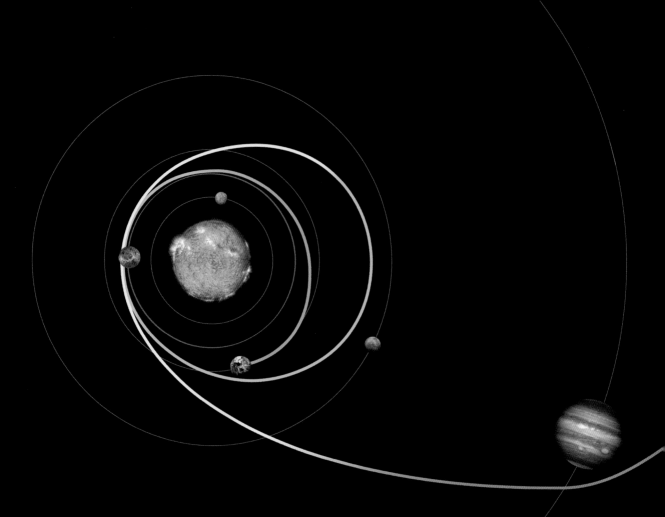

取得強有力的一擲。卡西尼如同彗星一樣繞轉行星，並且藉由行星繞日時引力的衣尾效應加速。這四次彈弓效應的逐步加速，使卡西尼快速朝土星環系統及其六十二個衛星飛去，卡西尼將在那裡傳回前所未見的驚人景象。

我說過，絕大多數行星以近乎圓形的橢圓軌道繞行太陽。冥王星是其中的異數，不只是因為它太小而無法繼續被稱為行星，也因為它的路徑明顯屬於偏心軌道。絕大多數時間，冥王星都位於海王星軌道的外側，但在近日點時，冥王星會闖入海王星近乎圓形的軌道內側，此時的冥王星實際上比海王星更接近太陽。然而即使是冥王

星，也比不上彗星的偏心軌道來得驚人。最著名的哈雷彗星（Halley's Comet）只有在接近近日點時我們才看得到，屆時它會反射太陽的光芒。哈雷彗星的橢圓軌道帶著它遠離太陽，並且每七十五到七十六年才會再度接近我們。一九八六年，我看到哈雷彗星，而且指著它給我的女兒茱莉葉看。我在她耳朵旁輕聲地說（當然她聽不懂我說什麼，但我還是堅持這麼做），我不可能再看到哈雷彗星，但她還有一次機會，那會是二○六一年它再度回來的時候。

順便一提，彗星的「尾巴」其實是一道塵土，但它不是我們想的是從彗星頭部往後流洩的

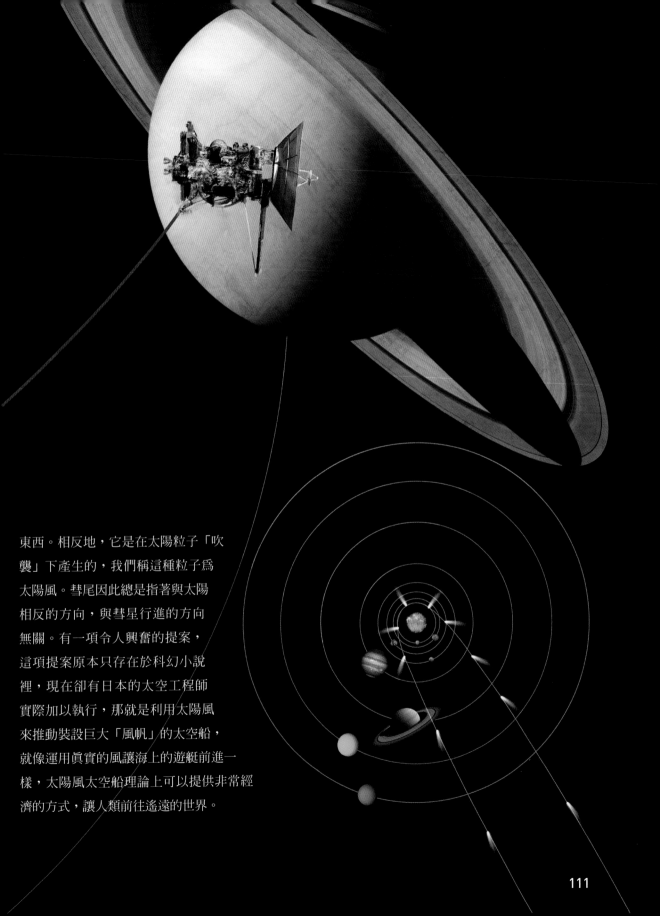

東西。相反地，它是在太陽粒子「吹襲」下產生的，我們稱這種粒子為太陽風。彗尾因此總是指著與太陽相反的方向，與彗星行進的方向無關。有一項令人興奮的提案，這項提案原本只存在於科幻小說裡，現在卻有日本的太空工程師實際加以執行，那就是利用太陽風來推動裝設巨大「風帆」的太空船，就像運用真實的風讓海上的遊艇前進一樣，太陽風太空船理論上可以提供非常經濟的方式，讓人類前往遙遠的世界。

斜斜地看著夏天

現在既然我們已經了解軌道是什麼，我們可以回來原先的問題，爲什麼會有多夏之別。有些人，你應該還記得，誤以爲我們在夏天時比較接近太陽，在多天時遠離太陽。如果地球的軌道跟冥王星一樣，那麼這會是個好解釋。事實上，冥王星的多天與夏天（兩者都遠比我們在地球所能經驗的來得寒冷）確實就是這樣造成的。

然而，地球的軌道幾乎是圓的，因此地球接近太陽的說法無法解釋季節的變遷。而且事實上地球最接近太陽的時候（近日點）是在一月，最遠離太陽的時候（遠日點）是在七月，但地球的橢圓軌道趨近於圓形，因此並沒有明顯的差異。

那麼，到底是什麼原因造成多天與夏天的差異？理由其實與距離太陽遠近完全無關。地球繞著軸線旋轉，而這條軸線是傾斜的。地軸傾斜是我們擁有季節的眞正原因。讓我們看看這是怎麼造成的。

我之前說過，我們可以把這條軸線想成是一根貫穿地球南北極的輪軸。然後我們可以把地球繞日的軌道想成是一個巨大的輪子，這個輪子有自己的輪軸，它剛好穿過太陽的「南極」與「北極」。這兩條輪軸可以是完全平行的，如此一來地球就不會出現「傾斜」——在這種情況下，正午的太陽將總是直射赤道，而地球各地的日夜也會均等。我們不會有季節的變化。赤道一年到頭都會非常炎熱，而且越遠離赤道朝兩極走，氣候會越寒冷。不用等到多天，只要一遠離赤道就會感到寒冷，而且事實上也沒有多天可言。此外也沒有夏天，沒有季節的差異。

事實上，這兩根輪軸不是平行的。地球自轉的輪軸（軸線）相對於地球繞日軌道的輪軸（軸線）來說是傾斜的。傾斜的角度不是特別大，大

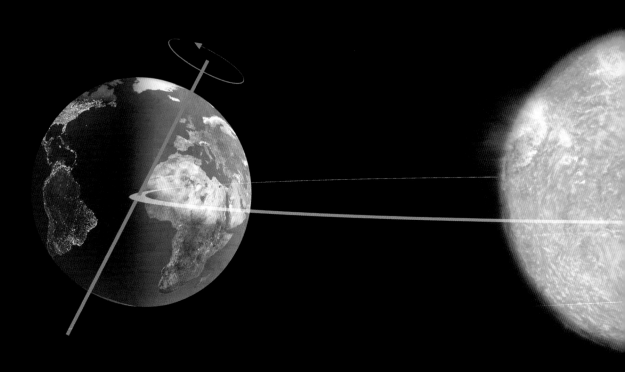

約二十三點五度。如果是九十度（天王星的傾斜角大約是如此），則北極每年會有一次被太陽直射（我們可以稱這個時候是北半球的仲夏），而在北半球的仲冬北極將完全背對太陽。如果地球像天王星一樣，那麼在仲夏時，太陽將位於北極的正上方（此時北極將沒有夜晚），反之南極將處於冰冷的黑暗中，完全沒有一絲光線。六個月後，南北極的情況將完全顛倒過來。

由於我們居住的行星實際傾斜的角度只有二十三點五度，而非九十度，如果我們從毫無傾斜的無季節極端到幾乎完全傾斜的天王星極端之間成四等分，那麼地球大概是位於靠近前者的四分之一刻度上。這表示，與天王星一樣，地球的北極在仲夏時太陽不會完全落下。北極處於永晝的狀態；但與天王星不同的是，太陽不會直射北極。當地球自轉時，太陽似乎只在天空的邊緣繞圈子，但絕不會沉入地平線下。這是北極圈的實際現象。如果你剛好站在北極圈上，例如你在夏至站在冰島的西北端，你會看到太陽在午夜時掠過南方地平線，但絕不會沉入地平線下。然後太陽將繞著天空旋轉，到了正午時升到最高的位置（其實不是很高）。

在蘇格蘭北方，此地已稍稍位於北極圈外，仲夏的太陽會沉入地平線下，幅度足以產生一定程度的夜晚——但不是非常黑暗的夜晚，因為太陽沉入地平線下的幅度還不是很大。

因此，地軸的傾斜解釋了我們為什麼擁有冬天（當地球往遠離太陽那一面傾斜時）與夏天（當地球朝著太陽傾斜時），以及冬天為什麼晝短而夏天為什麼晝長。但這是否能解釋冬冷夏熱的現象？為什麼太陽直射時要比太陽以接近地平線的低角度照射時來得炎熱？都是同一個太陽，理應同樣炎熱，不受照射角度影響，不是嗎？不，話不能這麼說。

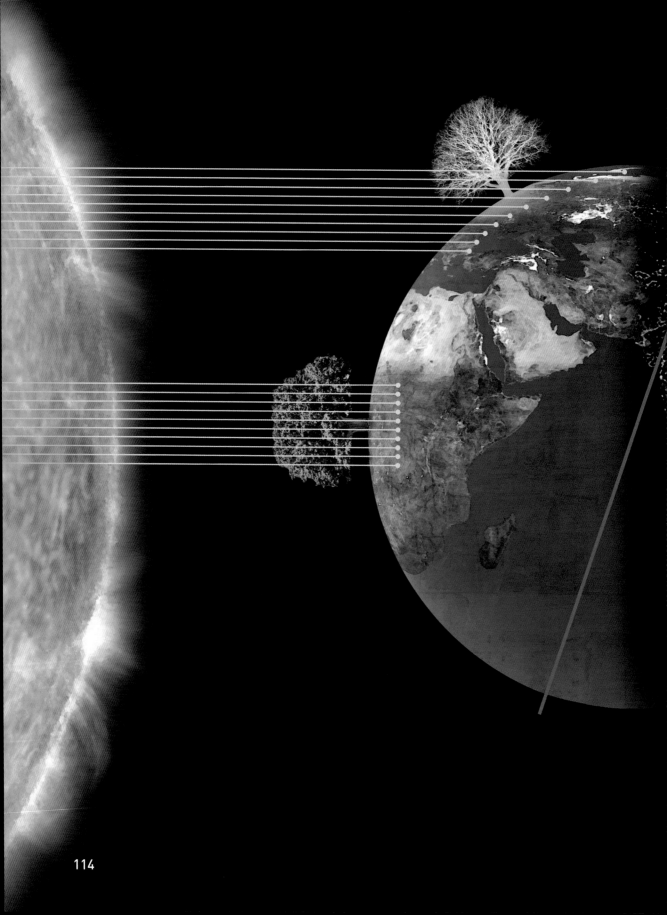

如果你認爲我們在朝太陽傾斜時會比較接近太陽，那麼奉勸你，忘了這件事。與地球和太陽的距離相比（大約九千三百萬英里），地球傾斜造成的差異可說是九牛一毛（只有幾千英里），如果與近日點和遠日點之間的差異相比（大約三百萬英里），則依然是可忽略的差異。問題其實不在於距離的差異，而在於陽光照射的角度以及夏天畫長與冬天畫短的問題。「角度」使正午的太陽比傍晚的太陽炎熱得多，角度也使正午戴太陽眼鏡的必要性高於傍晚。照射角度與白晝長短兩相結合，造成植物在夏天生長得比冬天茂盛，以及其他的各種差異。

爲什麼角度能造成如此的差異？以下是一種解釋。想像你在仲夏的正午做日光浴，太陽高掛在你的頭頂上。你的背部中央有一平方英寸皮膚受到光子（光的微小粒子）的撞擊，其強弱可以用測光表來計算。現在，如果你是在冬天的正午做日光浴，因爲地球傾斜的緣故，太陽在天空的位置相對較低，日光以較淺、較「斜」的角度抵達地球：在這種狀況下，相同數量的光子會被「分攤」到比較廣大的皮膚上。這表示原本那一英寸的皮膚獲得的光子遠少於仲夏時獲得的光子。你的皮膚狀況也可以用來解釋植物的葉子，而這的確相當關鍵，因爲植物必須利用陽光來製造所需的食物。

黑夜與白晝，冬天與夏天：這些交替輪換的偉大韻律決定了我們的生命，以及所有生物的生命——例外的或許是那些生活在黑暗、寒冷深海裡的生物。此外還有一種韻律也許對我們不是那麼重要，卻對其他生物極爲關鍵，例如生活在海邊的生物，月球運行產生的潮汐影響了這些濱海生物的生活。月球的週期也是一些令人恐懼的古老神話的主題——舉例來說，狼人與吸血鬼。然而在此我不得不結束這個話題，並且將主題轉移到太陽身上。

What is the sun, really?

太陽究竟是什麼？

太陽是恆星，它與其他恆星沒有任何差別，唯一不同的是我們剛好離它很近，所以太陽看起來比其他恆星來得巨大而光亮。基於相同的道理，太陽不同於其他恆星，它能讓我們感覺到熱度，如果直視它，我們的眼睛會損壞，如果被陽光照射太久，我們的皮膚會曬傷。太陽不只比其他恆星更接近我們「一點」，而是接近「很多」。我們很難說明其他恆星距離我們多遠或太空有多大。事實上，要說明這些豈止是困難，應該說是不可能。

約翰・卡西迪（John Cassidy）寫了一本可愛的書，書名叫《探索地球》（Earthsearch）。他在書中嘗試用比例模型來說明恆星的遠近與宇宙的大小。

一、帶著足球到寬廣的運動場上，把球放在地上代表太陽。

二、然後走到距離足球二十五公尺的地方，放下一粒胡椒籽來表示地球的大小，同時也代表地球與太陽的距離。

三、依照相同的比例，月亮的大小相當於針頭，它離胡椒籽只有五公分。

四、除了太陽以外，距離地球最近的恆星首推半人馬座的比鄰星。如果依照相同的比例，則比鄰星也約略（但稍微小一點）等同於一顆足球，至於它的位置則是在……等等……

六千五百公里以外！

比鄰星也許有行星繞行，也許沒有，但我們知道一定有行星繞行其他恆星，也許應該說是絕大多數恆星。與恆星和恆星之間的距離相比，每個恆星與它的行星之間的距離通常很短。

牛津

新德里

6,500公里

恆星如何活動

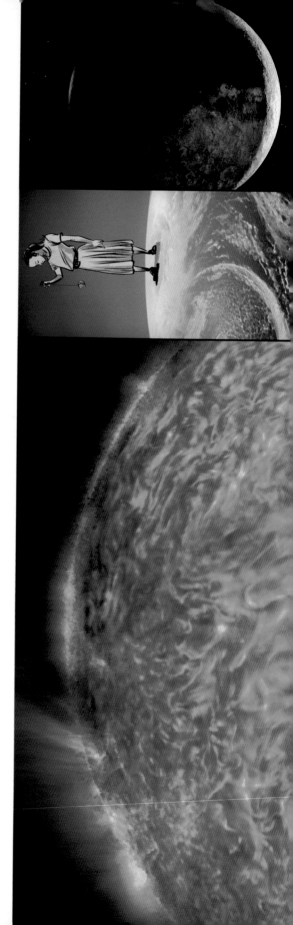

恆星（如太陽）與行星（如火星或木星）的差別，在於恆星是光亮而炙熱的，我們藉由恆星本身發出的亮光而看見恆星，反觀行星則相對寒冷，我們只能透過行星反射其繞行的鄰近恆星的亮光，才能看見行星。恆星與行星會有這種差異，源自於恆星與行星大小上的差異。以下我們將做解釋。

物體越大，朝向物體中心的引力拉力就越大。任何事物都有吸引其他事物的引力。就連你我之間也存在著引力拉力。然而除非我們之中有人的身體非常巨大，否則兩人之間的引力通常小得無法察覺。地球非常巨大，所以我們能察覺有一股朝向它的拉力，當我們放開某件東西時，東西會「往下」掉──也就是說，朝著地心墜落。

恆星比行星（例如地球）大得多，引力拉力也更大。巨大恆星的核心承受著巨大的壓力，因為巨大的引力把恆星裡的一切物質拉向核心。恆星內部的壓力越大，恆星的溫度就越高。當溫度變得非常高的時候──高到遠超過你我所能想像的程度時──恆星就開始變成緩慢作用的氫彈，釋放出大量的熱與光，因此我們能在夜空看見閃閃發亮的恆星。高熱使恆星像氣球一樣膨脹，但在此同時，引力的拉力又讓恆星收縮。熱產生的向外推力與引力產生的向內拉力，兩者之間產生了均衡。恆星就像自身的恆溫器。它的溫度越高，就會膨脹得越大；它膨脹得越大，物質的質量就越不集中於核心，溫度於是稍微下降。這表示恆星開始再次收縮，然後又再次升溫等等。我這麼陳述會給人一種印象，以為恆星像跳動的心臟一樣收縮舒張，然而事實並非如此。相反地，恆星最後會停留在中等規模，並且保持在適當溫度，以維持一定的大小。

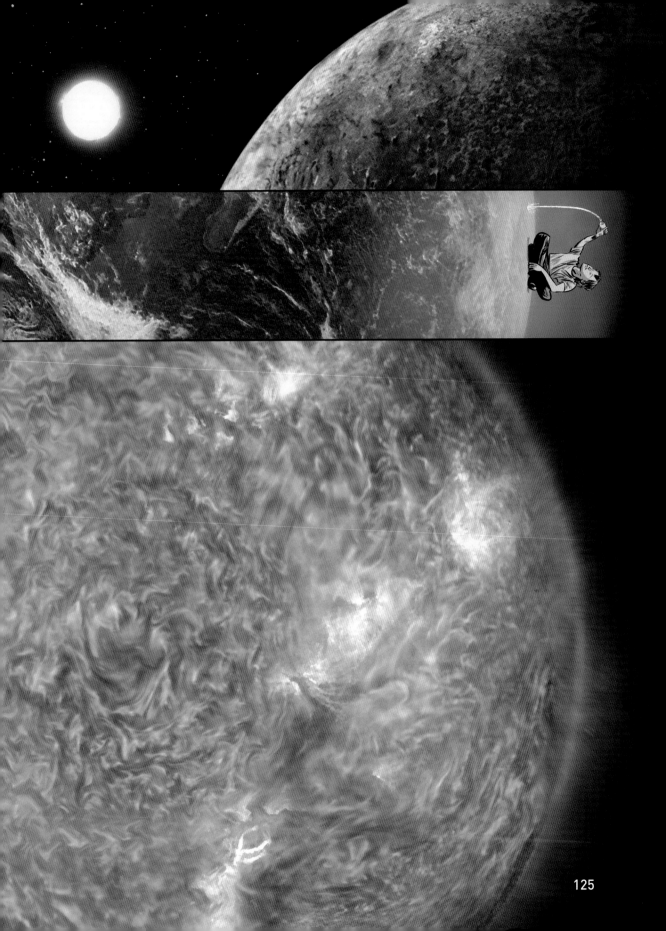

我在一開始曾說，太陽與其他恆星無異，不過實際上恆星的種類很多，而且大小的差異也很大。以恆星來說，我們的太陽（下圖）並不是很大。它比半人馬座的比鄰星稍微大一點，但比絕大多數的恆星小得多。

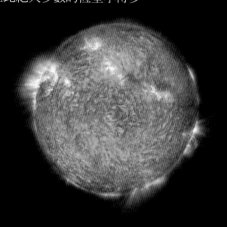

我們目前所知最大的恆星是哪一個？這要取決於你衡量的標準。若就橫跨的距離來看，最大的恆星是大犬座VY（VY Canis Majoris）。大犬座VY的直徑是太陽的兩千倍，而太陽的直徑是地球的一百倍。然而大犬座VY的密度很低且重量很輕，因此儘管它非常巨大，它的質量卻只有太陽的三十倍。如果它的密度跟太陽一樣，那麼它的質量理應是太陽的數十億倍。其他恆星如手槍星（Pistol Star），以及最近發現的恆星如海山二（Eta Carinae）與R136a1（一個不怎麼讓人感興趣的名字），它們的質量大約是太陽的一百倍或者更多。而太陽的質量是地球的三十萬倍以上，由此可知，海山二的質量超過地球的三千萬倍。

如果像R136a1這樣巨大的恆星擁有行星，那麼這些行星

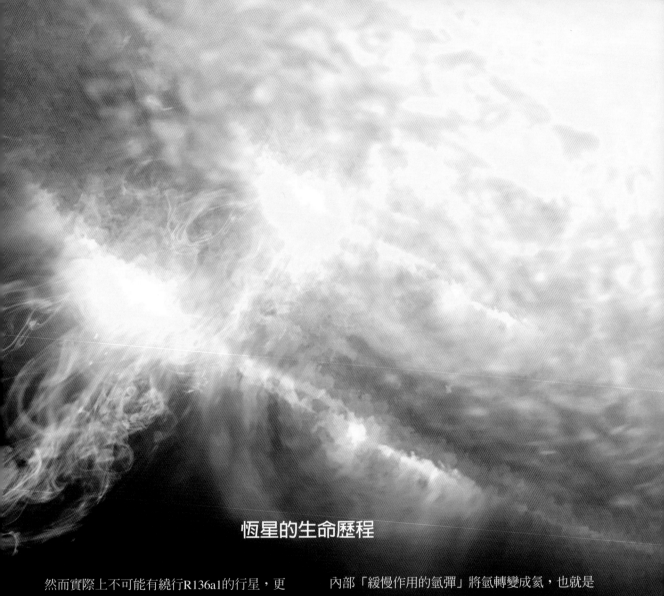

恆星的生命歷程

　　然而實際上不可能有繞行R136a1的行星，更甭說上面會有生命。理由是極端巨大的恆星壽命非常短暫。R136a1或許只有約一百萬年的壽命，甚至不到太陽到目前為止壽命的千分之一：這樣的時間不足以讓生命產生演化。

　　太陽是比較小而且比較符合「主流」的恆星：這種恆星擁有的生命歷程長達數十億年（不只是數百萬年），而且經歷一連串漫長的階段，就像孩子成長發育，進入成年，步入中年，最後衰老並且死亡的過程。主流恆星的主要成分是氫，這是最簡單的一種元素（見第四章）。恆星

內部「緩慢作用的氫彈」將氫轉變成氦，也就是次簡單的元素（氦的名稱helium源於希臘太陽神赫利歐斯），並且以熱、光與其他種類的輻射形式釋放出巨大能量。還記得我曾經說過，恆星的大小是熱的向外推力與引力的向內拉力兩者均衡的結果嗎？這股均衡約略維持著，使恆星保持慢火燉煮的狀態達數十億年之久，直到耗盡燃料為止。接下來發生的是，恆星在引力缺乏制衡的情況下使恆星往內潰縮──到了這個時候，地獄的一切將傾巢而出（如果你能想像出一個比恆星內部更可怕的景象的話）。

對天文學家來說，恆星的生命歷程實在太長了，天文學家頂多只能瞧見其中短暫的一瞬。慶幸的是，當天文學家用望遠鏡掃瞄天空的時候，他們可以看到種類各異處於不同發展階段的恆星：從氣體與塵埃構成的星雲中，我們看到了有些「嬰兒期」的恆星正在形成，相當於四十五億年前的太陽；還有一些是步入「中年」的恆星，相當於太陽現在的階段；最後是一些衰老而即將死亡的恆星，數十億年後，太陽也會遭遇相同的命運。天文學家建立了一所內容豐富的恆星「動物園」，裡面蒐羅了不同大小、不同生命階段的恆星。「動物園」裡的每個恆星顯示了其他恆星原先是什麼樣子，或未來將是什麼樣子。

一般的恆星，例如我們的太陽，最後會把氫燃燒完畢，而如我剛才描述的，在氫耗盡之後，恆星會轉而「燃燒」氦（我使用引號是因為實際上並不是燃燒，而是進入某種溫度更高的過程）。到了這個階段，恆星又稱為「紅巨星」。太陽大約在五十億年後會成為紅巨星，這表示目前的太陽正處於生命週期的中段。在那之前，我們這個可憐的小行星早已熱得不適合居住。二十億年後，太陽將比現在的亮度高上百分之十五，屆時地球就像現在的金星一樣。沒有人能在金星生存：那裡的溫度超過攝氏四百度。但二十億年是非常漫長的時間，在此之前，人類幾乎早已滅絕，因此人類不會面臨被活活熱死的慘劇。或許到時候我們的科技已經進步到可以將地球移動到更適合人居的軌道上。之後，當氦也耗盡之時，太陽將會化成一片塵埃與殘骸，只留下一個叫白矮星的核心，發出寒冷而微弱的光線。

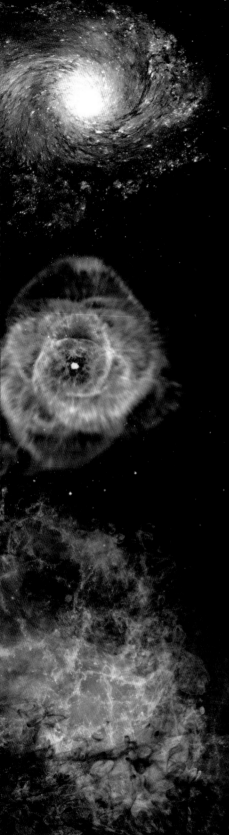

超新星與星塵

　　比太陽龐大而炙熱的恆星，如我們先前提過的巨大恆星，它們的結局是另一種樣貌。這些巨獸「燃燒」氫的速度更為迅速，它們的「氫彈」核子爐不只猛烈撞擊氫原子核，使其融合成氦原子核，巨大恆星的高熱火爐還會繼續猛烈撞擊氦原子核，使其融合成更重的元素，直到產生各種更重的原子為止。這些更重的元素包括碳、氧、氮與鐵（但到目前為止還沒有出現比鐵更重的元素）：鐵這種元素在地球到處可見，在我們的體內也很多。在相對短暫的時間裡，這類極其巨大的恆星會在一場巨大的爆炸中完全毀滅，我們稱這場爆炸為超新星，而爆炸也將產生比鐵更重的元素。

　　如果海山二明天爆炸成超新星怎麼辦？那將會引發一連串的爆炸。但不用擔心：我們得知此事恐怕也是八千年後的事，那是以光速計算從海山二到我們這裡所需的時間（而且沒有任何事物比光更快）。那麼，假使海山二已經在八千年前爆炸了呢？嗯，如果是這樣的話，那麼爆炸產生的光與其他輻射隨時都會到達地球。我們只要一看到，馬上就知道海山二在八千年前爆炸。人類歷史上有關超新星的觀測記錄大約只有二十次。偉大的日耳曼科學家克卜勒曾在一六〇四年十月九日觀測到其中一次。本頁最底下的圖顯示我們今日見到的這場爆炸的殘骸：從克卜勒首次觀測以來，這些殘骸已經更為擴大。這場爆炸實際發生的時間是在兩萬年前，大約是尼安德塔人（Neanderthal people）滅絕的時間。

　　與一般恆星不同，超新星可以產生比鐵還重的元素：例如鉛與鈾。超新星的巨大爆炸把恆星（而後成為超新星）產生的各種元素，包括生命必需的元素，全往外散布到遼遠廣闊的太空中。最後，這些富含重元素的塵埃將重新開始循環，將元素聚集起來組成新的恆星與行星。地球上的物質以及我們賴以構成的元素如碳、氮、氧等等均源自於此，它們全來自很久以前曾一度照亮宇宙的超新星星塵。因此才有這麼一句充滿詩意的話，「我們都是星塵」。這句話確實說得一點也不錯。少了偶然間（應該說極為罕見）的超新星爆炸，生命需要的元素便不可能存在。

不斷環繞

　　還有一點是我們必須留意的，那就是地球與所有繞行太陽的行星全處於相同的「平面」上。這是什麼意思？理論上，你可能以為某個行星的軌道或多或少與其他行星的軌道呈現一定角度的傾斜。但事實並非如此。天上彷彿有一個看不見的平坦圓盤，太陽位於圓心，所有的行星都位於圓盤上，每個行星距離太陽都不一樣。除此之外，所有繞日的行星方向完全一致。

　　何以如此？或許這與這些星球的起源有關。讓我們先討論旋轉的方向。整個太陽系，也就是太陽與其他行星，它們起初是緩慢旋轉的氣體與塵埃構成的星雲，或許它們也是超新星爆炸後留下的殘骸。就像宇宙中幾乎所有自由飄浮的物體一樣，星雲開始繞著自己的軸線旋轉。而且是的，你猜對了：它的旋轉方向與今日行星繞行太陽的方向是相同的。

　　接下來，為什麼行星全位於「相同的平面」上，或者說，位於平坦的「圓盤」上？基於複雜的引力原因──我不打算在此多做解釋，不過科學家對此都很清楚──在太空中旋轉的巨大氣體

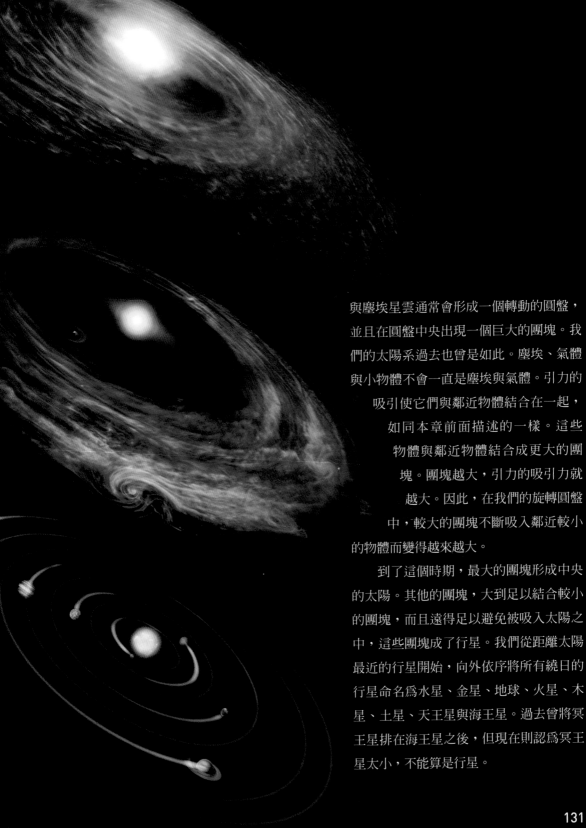

與塵埃星雲通常會形成一個轉動的圓盤，並且在圓盤中央出現一個巨大的團塊。我們的太陽系過去也曾是如此。塵埃、氣體與小物體不會一直是塵埃與氣體。引力的吸引使它們與鄰近物體結合在一起，如同本章前面描述的一樣。這些物體與鄰近物體結合成更大的團塊。團塊越大，引力的吸引力就越大。因此，在我們的旋轉圓盤中，較大的團塊不斷吸入鄰近較小的物體而變得越來越大。

到了這個時期，最大的團塊形成中央的太陽。其他的團塊，大到足以結合較小的團塊，而且遠得足以避免被吸入太陽之中，這些團塊成了行星。我們從距離太陽最近的行星開始，向外依序將所有繞日的行星命名為水星、金星、地球、火星、木星、土星、天王星與海王星。過去曾將冥王星排在海王星之後，但現在則認為冥王星太小，不能算是行星。

小行星與流星

在不同環境下，原本在火星與木星軌道之間也可能形成另一個行星。然而這些小團塊卻未能彼此結合形成新的行星，原因可能在於這個地區始終受到木星引力影響，因此它們只能形成繞日的碎片環，稱為小行星帶。這些小行星在火星與木星軌道之間聚集成一道環，如果這些小行星結合起來，很可能為太

陽系額外增添一顆行星。土星外側的著名環帶，也是基於類似的理由形成的。這些小團塊原本可以結合起來形成新的月球（土星已經擁有六十二個月球，所以這會是第六十三個），但實際上它們卻彼此分散形成岩石與塵埃環。在小行星帶裡──我們可以把小行星帶視為太陽的土星環──有些殘骸大到可以稱為微行星（「還不完全算是行星」的天體）。其中最大的是穀神星，直徑將近一千公里。這些小行星有些雖然巨大而且有著行星般的球體，但絕大多數只是奇形怪狀的岩石與細微的塵埃。它們有時會彼此衝撞，就像撞球一樣，有時會被撞離小行星帶，甚至會接近其他行星，例如地球。

我們經常看見這些小行星在高層大氣中燃燒，成為所謂的「流星」或「隕石」。

有些隕石大到足以耐得住穿越大氣層時產生的高溫而直接墜落地面，不過這種情形比較不常見。一九九二年十月九日，一顆隕石劃破大氣層，大約一個磚頭大小的破片擊中紐約州皮克斯基爾（Peekskill）的一輛汽車。更大的隕石，大約一個房子大小，在一九〇八年六月三十日於西伯利亞上空爆炸，燒燬了大片森林。

科學家現在從各種證據發現，六千五百萬年前曾有更大的隕石墜落在中美洲的猶加敦（Yucatán），造成全球性的災難，而這場災難或許就是造成恐龍滅絕的元兇。據估計，這場災難性的撞擊釋放的能量，相當於將現今世界所有核武同時在猶加敦引爆的數百倍以上。撞擊後，伴隨而來的是毀滅性的地震、前所未有的海嘯以及在世界各地引發的森林大火，塵土與煙霧構成的烏雲將使地表連續數年籠罩在黑暗之中。

缺乏日照，使需要日光的植物死亡，連帶地以植物維生的動物也無法存活。這裡的奇蹟不在於恐龍滅絕，而是我們的哺乳類始祖居然能存活下來。或許有極少數棲群因躲在地下冬眠而能倖免於難。

星的亮光。地球的植物收集日光，以此讓所有其他生物都能運用日光的能量。我們可以說，植物以日光爲食。但植物還需要別的東西，例如空氣中的二氧化碳、水與土壤中的礦物質。植物從日光獲得能量，並且運用能量來製造糖，糖是一種燃料，它能驅動植物所需的一切養分使其產生作用。

沒有能量，就無法製造糖。有了糖，就能「燃燒」糖而重新獲得能量——不過無法完全取回原有的能量；過程中總會出現能量耗損。當我們說到「燃燒」一詞時，指的不是燒個精光。正確地說，這裡的燃燒只是一種釋放燃料能量的方式。此外還有更嚴密控制的方式讓能量一點一滴地釋放，緩慢而且有用。

生命之光

我想談談陽光對生命的重要性，並以此做爲本章的結尾。我們不知道宇宙其他星球是否有生命存在（我會在後面的章節討論這個問題），但我們可以確定的是，如果某個星球上有生命存在，那麼這個星球一定在某個恆星附近。我們也可以確定，如果這些生命跟我們地球上的生命很像，那麼他們的行星與恆星保持的視距離（apparent distance），應該跟地球與太陽保持的視距離是一樣的。我說的「視距離」，指的是生命形式本身所知覺的距離。我們從超級巨星R136a1的例子可以看出，絕對距離可以非常遙遠。但如果視距離相同，則他們的太陽在他們眼中看起來，將與我們眼中看到的太陽大小一樣，這表示雙方從各自的太陽接收到的熱與光的量是一樣的。

生命爲什麼必須接近恆星？因爲所有的生命都需要能量，而能量的明顯來源是恆

你可以把綠葉想成低矮平鋪的工廠，它整個平坦的屋頂是一大片太陽能板，用來捕捉陽光與驅動工廠裡的裝配線。這是爲什麼樹葉總是薄而扁平——好讓它們有廣大的表面積來接收陽光。這間工廠完成了各式各樣的糖。這些糖經由葉脈運送到植物的其他部分，並且製造成別的東西，例如澱粉，這種東西比糖更方便用來儲存能量。最後，能量會從澱粉或糖釋出，用來構成植物的其他部分。

攝取

消化

134

當植物被草食性動物（例如羚羊或兔子）攝取之後，能量就傳遞到草食性動物身上——同樣地，其中有一部分在過程中耗損掉。草食性動物需要這股能量來生長以及供應活動時肌肉所需的燃料。牠們的活動當然也包括了攝取更多的植物。這些動物走動、咀嚼、打鬥與交配時，肌肉都需要能量，而這些能量最終的來源是太陽，只是透過植物而進入動物體內。

其他的動物，例如肉食性動物，則是以草食性動物為食。能量再次進行傳遞（同樣地，傳遞時還是發生了耗損），並且提供肉食性動物進行活動時肌肉所需的燃料。肉食性動物的活動包括獵食更多的草食性動物，此外還有交配、爭奪地盤與爬樹，如果又是哺乳類動物的話，則還要分泌乳汁餵養幼獸。同樣地，太陽還是最終的能量來源，只不過現在是以非常間接的方式傳遞到動物身上。在間接傳遞的過程中，有相當一部分的能量逸散了——以發熱的方式消失，因此原本與能量傳遞無關的其他世界，溫度也跟著上升了。

其他動物，例如寄生蟲，則同時以草食性動物與肉食性動物活生生的身體做為食物。同樣地，用來驅動寄生蟲的能量最終還是來自於太陽，而且同樣地，能量並不是完全都送進寄生蟲體內，其中還有一部分以熱的方式耗損掉。

最後，當生物死亡時，無論是植物、草食性動物、肉食性動物或寄生蟲，牠們要不是被食腐動物吃掉，如埋葬蟲，就是分解腐爛，也就是被細菌與真菌吃掉，後面這兩種生物不過是另一種形式的食腐動物。然而同樣地，來自太陽的能量繼續傳遞，同時也繼續發熱耗損。這就是為什麼堆肥總是溫度偏高的緣故。堆肥中的熱，追本溯源全來自太陽，是一年前由綠葉太陽能板捕捉來的。有一種令人驚奇的澳大拉西亞鳥類，名叫塚雉，這種鳥會在堆肥中下蛋，利用它的熱度讓蛋孵化。塚雉不像其他的鳥類會坐在蛋上用自己的體溫孵蛋，而是自行製作一個大型的堆肥，然後在裡面下蛋。牠們會控制堆肥的溫度，太冷了就多堆一點，太熱了就少堆一點。但無論是藉由自己的體溫還是堆肥的熱度，這些鳥類最終都是靠太陽的能量來孵蛋。

有時候，沒被吃掉的植物會死亡沉積為泥炭沼。經過數百年的時間，新的泥炭不斷地堆積，於是壓縮成泥炭層。愛爾蘭西部或蘇格蘭一些小島的居民會挖掘泥炭，並且將它切成磚塊大小，冬天時燒這些泥炭磚做為暖房的燃料。同樣地，這些燃料全是被捕捉來的陽光，而且還是數百年

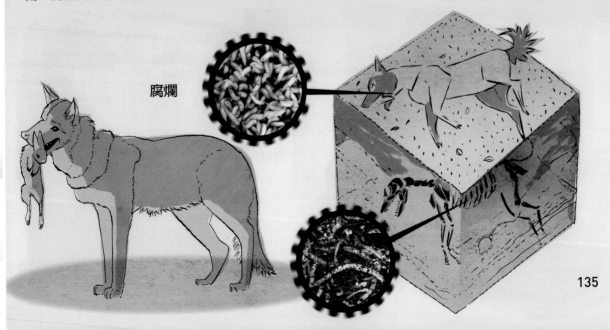

腐爛

烏特納帕什提姆及時建好了大船，之後便一連下了六天六夜的大雨。洪水把未能安全躲在船內的所有生命與事物全淹沒了。到了第七天，風停了，水面也變得平靜無波。

烏特納帕什提姆打開密封的艙門，放出一隻鴿子。鴿子飛去尋找陸地，卻看不到任何陸地的蹤跡，只得回巢。然後烏特納帕什提姆放出一隻燕子，燕子也一樣無功而返。

最後，烏特納帕什姆放出一隻渡鴉。牠沒有回來，顯示牠已經找到乾燥無水的陸地。

最後船停靠在凸出水面的山頂上。神明伊什塔（Ishtar）創造了第一道彩虹，做為神對人的承諾，今後將不再有可怕的洪水。這就是彩虹出現的原因，蘇美人的古老傳說對此做了解釋。

我剛才說這則故事大家聽了會覺得很熟悉。凡是在基督教、猶太教或伊斯蘭教國家長大的孩子，馬上就會認出這跟時間比較晚近的挪亞方舟（Noah's Ark）故事是一樣的，只有一兩個小地方有出入。造船者的名字從烏特納帕什提姆改成了挪亞。古老傳說中的眾神，在猶太教故事中變成了一神。「所有生物的種子」改成了「凡有血肉的活物，每樣兩個，一公一母」──或者就像這首歌唱的，「動物成雙成對地走進來」──吉爾加美什史詩顯然說的是類似的故事。事實上，我們可以明顯看出猶太教的挪亞故事其實只是重述烏特納帕什提姆的古老傳說。它是一則傳述了數百年的民間故事，通常故事裡的名字或細節會不斷地變動。但這裡提到的兩種版本，都是以彩虹做為結尾。

無論吉爾加美什史詩還是《創世記》，彩虹都扮演著重要角色。《創世記》詳細提到彩虹其實是上帝的弓，祂把弓放在雲彩中，做為祂向挪亞及其子孫立約的記號。

挪亞故事與古蘇美的烏特納帕什提姆故事還有一個不同點。在挪亞版本中，上帝對人類不滿的原因是我們全邪惡得無可救藥。在蘇美故事中，你也許可以這麼說，人類犯的罪比較沒那麼嚴重。我們只是吵得眾神無法睡覺，如此而已！我覺得這很有趣。人類吵得眾神無法睡覺的主題也出現在加州外海聖塔克魯茲島楚馬什人（Chumash people）的傳說裡，他們的傳說與蘇美人的故事應該是獨立發展的。

楚馬什人相信大地女神胡塔什（Hutash）嫁給天空之蛇後（我們稱為銀河，你可以在鄉間闇黑的夜空看見銀河，但如果你住在城裡，光害將會影響你觀察的視線），用神奇植物的種子在島上創造了楚馬什人（這座島當時顯然不叫做聖塔克魯茲島，因為這是個西班牙名字）。島上人口越來越多，於是就像吉爾加美什神話一樣，他們妨害了胡塔什的安寧。喧鬧聲使她晚上睡不著覺。但胡塔什不像蘇美與猶太神明那樣殺光所有人類，她仁慈多了。胡塔什決定讓一些人離開聖塔克魯茲島，搬往大陸居住，這樣她就不會聽見他們的吵鬧聲。於是她為島民搭了一座橫越大海的橋。這座橋……沒錯，就是彩虹！

這則神話有個奇怪的
結局。

當人們走過彩虹橋
時，有些吵鬧的傢伙
往下一看──由於害
怕從高處跌下，這些
人嚇得頭暈目眩。

他們從彩虹上頭跌
落海中，變成了海
豚。

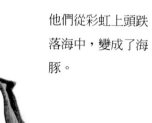

142

彩虹橋的概念也出現在其他神話裡。在古老的北歐（維京）神話中，彩虹是一座搖搖欲墜的橋，眾神藉由這座橋從天界來到地上。

許多民族如波斯人、西非人、馬來西亞人、澳洲與美洲原住民，他們都認為彩虹是一條大蛇，從地上竄到空中飲用雨水。

我不禁感到困惑，這些傳說是怎麼開始的？是誰創造了這些故事，為什麼有些人始終對此深信不疑？這些問題相當令人感興趣，而且不容易回答。但有一個問題我們可以回答，那就是彩虹**究竟**是什麼？

The real magic of the rainbow

彩虹真正的魔力

我大概在十歲的時候被帶去倫敦看一齣兒童劇，名字叫《彩虹消失的地方》（*Where the Rainbow Ends*）。各位應該都沒看過這齣戲，因為它是一齣老掉牙的愛國戲，現代戲院不可能接受這類戲碼。這齣戲從頭到尾都在告訴你，身為一個英格蘭人有多麼特別，而在劇中冒險的高潮時刻，所有的孩子都被聖喬治搭救，聖喬治是英格蘭的守護聖人（不包括整個英國，因為蘇格蘭、威爾斯與愛爾蘭各有自己的守護聖人）。不過我記憶最鮮明的不是聖喬治，而是彩虹。戲裡的孩子真的走到彩虹與地面接觸的地方，我們看到這些孩子就走在觸地的彩虹中央。這齣戲安排得很絕妙，五顏六色的聚光燈往下照射穿過盤旋的迷霧，孩子們因為被施了咒語而動彈不得。

我記得就在這個時候，身穿閃亮甲冑頭戴銀盔的聖喬治出現了，當舞臺上的孩子高呼：「聖喬治！聖喬治！聖喬治！」時，底

下的孩子全都震懾住了。但其實真正捕捉
我的想像的是彩虹，而非聖喬治：能站在巨大彩虹
落腳的地方是多麼美妙的事啊！

你可以看出這齣戲的作者是從何處得到靈感。彩虹看起來
就像實際存在的物體，它高掛在天空，或許離你有幾英里遠。
彩虹的左腳似乎踩在小麥田裡，而它的右腳（如果你夠幸運，
可以看到完整彩虹的話）則位於山頂上。你覺得自己應該可以
直接走向彩虹，並且站在彩虹與地面接觸的地方，就像戲裡
的孩子一樣。我向各位描述過的神話都有相同的觀念。它
們把彩虹當成明確的事物，位於明確的地點，和你有
明確的距離。

我想，你或許已經想到彩虹其實並非如
此！首先，如果你試圖接近彩虹，無論你
跑多快，你還是到不了彩虹：彩虹會
遠離你，直到完全消散為止。你

不可能趕上彩虹。但彩虹實際上也並非遠離
你，因為彩虹實際上並非位於某個地點，這
點千真萬確。彩虹是一種錯覺——但卻是迷
人的錯覺，了解這一點可以讓你進一步了解
各種有趣的事物，其中有一部分我們將留待
下一章再做說明。

145

雨滴如何產生彩虹

三稜鏡固然很好，但當你看到天邊掛著彩虹時，不可能旁邊也掛著一個大型三稜鏡。儘管如此，天空卻有可能出現數百萬滴雨滴。那麼，是否每滴雨滴都是一個迷你的三稜鏡？我們只能說兩者有點類似，卻不完全相同。

如果你想看到彩虹，你必須在觀看暴風雨的同時，讓太陽位於你的**身後**。雨滴與其說類似三稜鏡，不如說更像一顆小球，而光撞擊球產生的反應，與撞擊三稜鏡截然不同。其中的差異在於，雨滴的遠側就像一面迷你的鏡子。因此，如果你想看到彩虹，你必須讓太陽在你身後。陽光會在每滴雨滴內部翻觔斗，並且向後反射出上下顛倒的影像，而這就是你的眼睛看到的影像。

以下是彩虹產生的原理。你站著，讓太陽位於你**身後**的上方，你看著遠方下著陣雨。陽光撞擊一滴雨滴（當然，陽光也撞擊到其他的雨滴，但稍安勿躁，我們馬上就回來討論這個問題）。讓我們稱這滴雨滴為A。白色光束撞擊A上方近側的表面，白光開始彎曲，正如它撞擊牛頓三稜鏡的近側表面一樣。當然，紅光的彎曲度少於藍光，因此自然發散成光譜的樣子。現在，所有的有色光束全在雨滴內部行進，直到它們碰撞到雨滴的遠側為止。這些光束並未穿過雨滴進入到空氣中，反而反射回來往雨滴的近側行進，這一回是雨滴的下方近側。而當這些光束穿過雨滴近側時，它們又再度彎曲。還是一樣，紅光的彎曲度小於藍光。

因此，當陽光離開雨滴時，它已經發散成小型的光譜。分散的有色光束在雨滴內部反射之後，現在反而往你站立的方向行進。如果你的眼睛剛好位於其中某個顏色的光束行進的路線上，例如綠光，那麼你將看見純粹的綠光。至於比你矮的人則可能看見從A反射過來的紅光。比你高的人則可能看見從A反射過來的藍光。

151

任何人都無法從單一的雨滴中看到完整的光譜。每個人只能看見一種純粹的顏色。然而事實上每個人都說自己看見了彩虹。何以如此？這是因為到目前為止我們只討論單一的雨滴A。但實際上卻有數百萬滴雨滴，而這些雨滴產生的效果都跟A一樣。當你看見A的紅光時，還有別的雨滴B，它的位置比A低。你看不見B的紅光，那是因為它反射的紅光抵達的是你肚子的位置。但B反射的藍光卻剛好射進你的眼睛。此外還有其他雨滴是低於A但高於B，它們的紅光與藍光也許無法進入你的眼睛，但黃光與綠光卻可以。這麼多的雨滴加總起來形成完整的光譜，而且是由上到下成一條直線。

　　但由上到下的一直線並不是彩虹。彩虹的其他部分到哪兒去了？別忘了還有其他雨滴，它們從陣雨的一側延伸到另一側，而且高度完全相同。當然這些雨滴會為你填滿彩虹的其他部分。附帶一提，你看到的每個彩虹總是試圖成為一個完整的圓，如果你的眼睛剛好位於正中心的話——就像你拿著水管在花園澆水，陽光通過閃爍的水氣，有時能讓你看到完整的環形彩虹。我們無法看到全虹的唯一理由，就是地勢擋住了我們的視線。

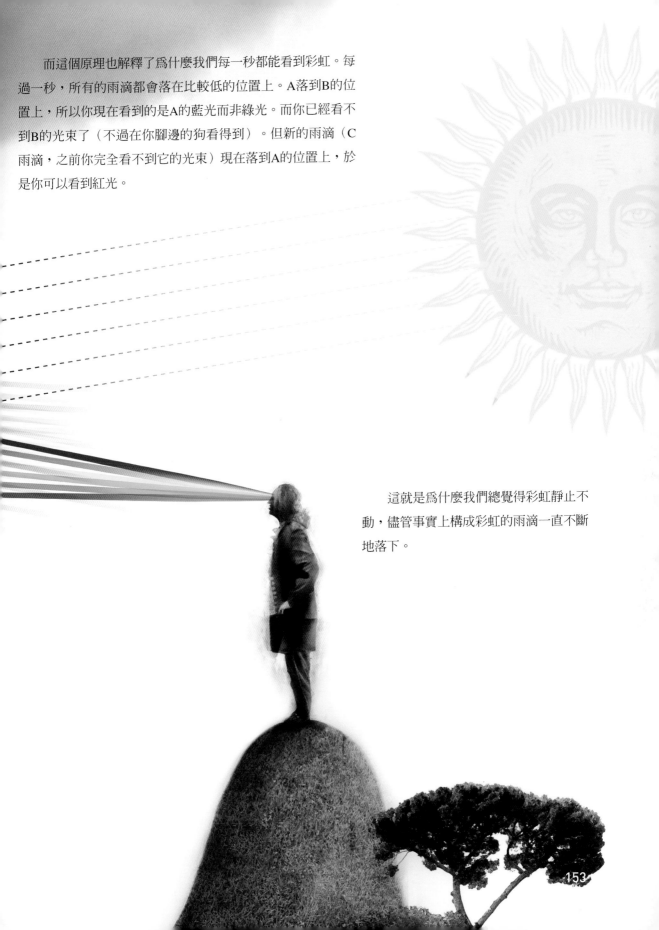

　而這個原理也解釋了為什麼我們每一秒都能看到彩虹。每過一秒，所有的雨滴都會落在比較低的位置上。A落到B的位置上，所以你現在看到的是A的藍光而非綠光。而你已經看不到B的光束了（不過在你腳邊的狗看得到）。但新的雨滴（C雨滴，之前你完全看不到它的光束）現在落到A的位置上，於是你可以看到紅光。

　這就是為什麼我們總覺得彩虹靜止不動，儘管事實上構成彩虹的雨滴一直不斷地落下。

位於正確的波長上

現在讓我們看看光譜（紅、橙、黃、綠、藍、紫，依照次序排列的色彩範圍）到底是什麼？紅光爲什麼彎曲的角度要比藍光來得小？

我們可以把光想成是振動：波。正如聲音是空氣的振動，光則是由電磁振動構成。我不打算解釋電磁振動是什麼，因爲會耗費太多篇幅（而且我也不確定自己是不是眞的懂）。這裡的重點在於，雖然光與聲音差異甚大，但我們討論光的時候，可以像討論聲音一樣提到高頻率（短波長）與低頻率（長波長）振動。高音調的聲音——最高的女高音——指的是高頻率或短波長的振動，低頻率或長波長的聲音則是低沉、低音調的聲音。紅光（長波長）相當於男低音，黃光相當於男中音，綠光是男高音，藍光是女低音，而紫光（短波長）是最高的女高音。

有些聲音高到我們無法聽見。這種聲音稱爲超聲波；蝙蝠可以聽見超聲波，並且利用回音來找出自己的路徑。還有一些聲音低到我們無法聽見。這種聲音稱爲次聲波；大象、鯨魚與其他一些動物使用這種低沉的聲音來保持聯繫。大教堂管風琴的最低音，人類幾乎是聽不見的：你只能「感覺」到聲音振動了你的整個身體。我們人類能聽到的聲音範圍處於頻率帶的中間，介於超聲波與次聲波之間，前者太高我們聽不見，但蝙蝠聽得見，後者太低我們聽不見，但大象聽得見。

光也是一樣。蝙蝠發出超聲波的叫聲，相當於色彩當中的紫外線，意思是指「超越紫色」。雖然我們看不見紫外光，但昆蟲可以。有些花朵擁有引誘昆蟲前來授粉的條紋或圖案，這些圖案只能在紫外線的波長範圍內才能看到。昆蟲的眼睛可以看到這些圖案，但我們需要儀器才能將這些圖案「翻譯」成光譜裡我們看得見的部分。右圖月見草的花朵在我們眼中看來是黃的，沒有圖案，也沒有條紋。但如果你用紫外光拍攝，你會看見光芒四射的條紋。下圖的圖案並不是白色，而是紫外線。由於我們看不見紫外線，所以我們必須用我們看得見的顏色來表示圖案，而拍攝者決定用黑白來表示。他也可以選擇藍色或其他顏色。

　　光譜的頻率可以越來越高，甚至高過紫外線，高到連昆蟲都看不見。X光就是這樣的「光」，它的「音調」高過了紫外線。但伽瑪射線甚至比X光還高。

　　在光譜的另一端，昆蟲看不見紅色，但我們看得見。超越紅色的是「紅外線」，我們看不見紅外線，但可以感覺到它的熱度（有些蛇對紅外線特別敏感，可以藉此來偵測獵物）。我認為蜜蜂可以把紅色稱為「橙外線」。比紅外線這種「低音」還低的音是微波，你可以運用微波來烹飪。至於比微波更低的低音（更長的波長）則是無線電波。

紅外線

見光

紫外線

X光

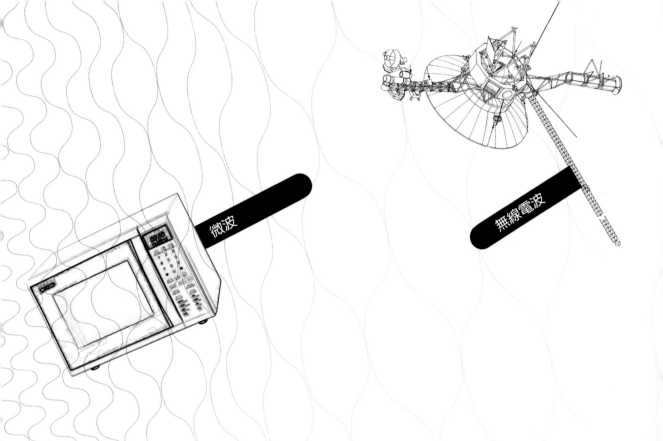

微波

無線電波

　　我們人類實際可以看見的光線（可見光的光譜或「彩虹」，主要介於「高音調」的紫色與「低音調」的紅色之間），其實只占巨大光譜（從高音端的伽瑪射線到低音端的無線電波）裡的一小部分，這一點其實有點令人驚訝。對我們來說，整個光譜幾乎都是看不見的。

　　太陽與恆星不斷放射各種頻率或「音調」的電磁射線，從「低音」端的無線電波到「高音」端的宇宙射線。雖然我們無法看見可見光這個微小光譜帶（從紅色到紫色）以外的光線，但我們有儀器可以偵測這些看不見的射線。第六章的超新星照片就是利用X光拍攝的。照片裡的顏色是假色，就像用來顯示月見草花朵的假白色一樣。在超新星照片中，假色用來顯示各種X光波長。有些科學家又稱為無線電天文學家，他們利用無

線電波而非光波或X光來拍攝恆星「照片」。他們使用的儀器稱為無線電望遠鏡。還有一些科學家是用光譜的另一端，也就是利用X光帶來拍攝照片。我們可以運用光譜的各個部分，以各種不同的角度來了解恆星與宇宙。我們的肉眼只能看見巨大光譜中央地帶一條細縫般的範圍，其他廣大的射線部分，我們只能仰賴儀器來進行觀測。這點正可以說明科學的力量如何激起人類的想像，同時也顯示出現實的魔力。

　　在下一章，我們將學到比彩虹更精采的事物。把遙遠恆星的光線分解成光譜，不僅可以讓我們了解恆星的構成，也能讓我們得知恆星的壽命。而彩虹的證據甚至能讓我們推算出宇宙的壽命：所有的事物是從何時開始的？這聽起來匪夷所思，但一切謎團都將在下一章揭曉。

8 WHEN AND HOW DID EVERYTHING BEGIN?

萬物
從何時
開始？
如何
開始？

讓我們從非洲班圖族，也就是剛果（Congo）的波桑哥人（Bonshongo）的神話開始講起。最早的時候，世界沒有陸地，只有充滿水的黑暗，以及──這一點相當重要──上帝邦巴（Bumba）。邦巴感到胃痛，於是吐出了太陽。太陽射出來的光驅散了黑暗，發出來的熱曬乾了一部分的水，因此露出了陸地。但邦巴的胃還是不舒服，於是祂又吐出了月亮、星星、動物與人類。

　　中國創世神話提到一個名叫盤古的人，相傳此人有著長滿毛髮的巨大身體，並且長了一顆狗頭。盤古神話是這麼說的。起初，天地之間並無明顯的界線：整個世界就像一顆巨大的蛋一樣渾沌不清。盤古蜷曲在漆黑的蛋裡頭睡了一萬八千年。醒來之後，盤古想從蛋裡掙脫，於是他拿起斧頭劈開一條出路。蛋裡面沉重的部分下降成為大地，輕盈的部分飄浮成為天空。此後，天與地以每天三公尺的速度膨脹，並且一直持續了一萬八千年。

其他版本的盤古神話提到盤古分開了天與地，而他也因為過度勞累而死。他死後，身體各個部分變成我們所知的世界。他的氣息變成了風，他的聲音變成了雷；他的雙手化為日月，他的肌肉成為耕地，他的血管成為道路。他的汗成了雨，他的鬚髮成了星辰。人類則是他身上的跳蚤與蝨子變成的。

順便一提，盤古分開天地的故事，其實很類似（兩者或許無關）希臘神話裡撐住天空的阿特拉斯（Atlas），只是古怪的是，繪畫與雕像中的阿特拉斯總是用肩膀扛著整個地球。

印度有許多創世神話，以下是其中一篇的說法。在時間開始之前，有一片巨大漆黑的虛無之海，海面上盤繞著一條巨大的蛇。就在這條盤繞的蛇上面睡著最高神毗濕奴（Vishnu）。從虛無之海的海底傳來深沉的嗡嗡聲，吵醒了毗濕奴，於是一朵蓮花從他的肚臍長了出來。蓮花當中坐著梵天（Brahma），祂是毗濕奴的僕人。毗濕奴命令梵天創造世界，梵天遵照命令做了。沒問題！而當祂創造世界的時候，也創造了所有的生物。小事一樁！

這些創世神話讓我有點沮喪，因為它們從一開始就假定有生物存在於

宇宙之前——邦巴或梵天或盤古或昂庫魯庫魯（Unkulukulu，祖魯族的造物主）或阿巴西（Abassie，奈及利亞的造物主）或「天空的長者」（加拿大美洲原住民薩利希人的造物主）。你難道不認為，應該先出現某種形式的宇宙，才能提供地方讓造物主進行創造？沒有任何神話解釋宇宙的造物主（而且通常是男性）本身是如何產生的。

這些神話無法說服我們。接下來讓我們談談我們知道的有關宇宙起源的真實故事。

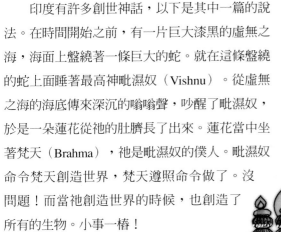

HOW DID
EVERYTHING
BEGIN
REALLY?

萬物究竟是
如何開始的？

你還記不記得我們在第一章談到，科學家以建立模型的方式來推測真實世界的可能樣貌？科學家先以模型預測我們可以看到什麼結果或得出什麼數值，然後他們實際檢驗模型，核對實驗的結果是否與預測相符。在二十世紀中葉，有兩種說明宇宙如何形成的模型彼此競逐，一個是「穩態」（steady state）模型，另一個是「大霹靂」（big bang）模型。穩態模型非常簡潔明確，但最後證明是錯的──也就是說，根據這個模型所做的預測並不正確。根據穩態模型的說法，宇宙沒有起始：宇宙一直以目前的形式存在。相反地，大霹靂模型認為宇宙始於一個明確的時點，而且是以奇異的爆炸方式揭開序幕。以大霹靂模型做的預測，在經過反覆驗證下，已證明是對的，因此這個模型現在已被絕大多數科學家所接受。

根據現代版的大霹靂模型，整個可觀測宇宙大約是在一百三十億到一百四十億年前的一場爆炸中產生。為什麼我要使用「可觀測」（observable）這個詞？「可觀測宇宙」指的是有證據可以證明它確實存在的宇宙。當然除此之外，世上也存在其他我們的感官與儀器無法觀測到的宇宙。有些科學家猜想（或許可以說是幻想）可能存在著「多重宇宙」（multiverse）：許多宇宙群集起來，像成堆的「泡沫」一樣，我們的宇宙只是其中一個「泡泡」。或許，可觀測宇宙──我們生活的宇宙，唯一我們有直接證據可以證明它確實存在的宇宙──只有一個。無論世上存在的是多重宇宙還是一個宇宙，在本章中，我將只討論可觀測宇宙。可觀測宇宙誕生於大霹靂時，這個石破天驚的事件就發生在一百四十億年前。

有些科學家會告訴你，時間是從大霹靂當中產生的，所以我們不需要問大霹靂之前發生了什麼事，就像我們不需要問北極以北有什麼東西一樣。你聽得懂嗎？其實我也聽不懂。但我至少知道大霹靂發生的證據與時間。而這正是本章的重點。

首先，我必須先解釋星系是什麼。我們曾在第六章用足球做過類比，以行星繞日的距離為基準，恆星與恆星之間的距離實在遙遠得令人不敢相信。然而，雖然恆星之間相距遙遠，它們實際上仍聚集成許多星團；而這些星團聚集起來就稱為星系。這裡有一張圖片，上面有四個星系：

每個星系都呈現出白色的漩渦圖案，這些圖案實際上是由數十億顆恆星以及塵埃與氣體雲構成的。

太陽 ◯

在構成銀河系的無數恆星中，我們的太陽只是其中的一顆。之所以叫銀河，是因為在夜空中我們看到銀河系一部分的端點景象。這幅景象看起來好像一條橫貫天際的白色神祕紋路或小徑，在你認出它是銀河之前，你可能以為那不過是長長一道稀疏的雲朵——而當你認出它是銀河時，這樣的領悟可能會讓你敬畏得說不出話來。由於我們身處在銀河系裡，所以我們不可能完整領略銀河系的壯觀與燦爛。上圖是藝術家想像從銀河系以外的地方觀看到的銀河系全景，上面標示著我們的位置。以「太陽」來標示是因為就比例而言，太陽與其他行星之間的距離實在微小得可以忽略不計。

接下來這張圖（右圖）——並非出自藝術家的想像，而是透過望遠鏡拍攝的實際照片——呈現的是數百個星系，每個星系跟銀河系一樣擁有數十億顆恆星。我每次看到這幅景象都禁不住感到驚異，這麼眾多的小光點，每一個點都是跟銀河系大小相仿的完整星系。但這是赤裸裸的事實。宇宙——我們的可觀測宇宙——是非常龐大的地方。

下一個重點是，我們有可能測量星系和我們之間的距離。要怎麼測量呢？舉例來說，我們怎麼知道宇宙中任兩個物體之間的距離？以鄰近的恆星來說，最好的方法是運用「視差」。你在自己的面前伸出手指，然後閉上左眼，只用右眼看你的手指。接著閉上右眼，只用左眼。持續地用雙眼輪流注視，你會發現你的手指明顯在兩個相鄰的位置上左右跳動。之所以如此是因為雙眼的觀察點不同的緣故。把手指移到離雙眼較近的位置，手指跳動的距離將會變長。如果把手指移到離雙眼較遠的位置，左右跳動的距離就會縮短。因此，你只需知道雙眼之間的距離，就可以依據手指跳動的幅度計算出眼睛到手指的距離。這就

是用來估計距離的視差法。

　　現在，不要再看自己的手指了，你要觀察夜空中的星星，並且輪流用左右眼交替觀看。恆星完全不會跳動。恆星太遠了。為了要讓恆星左右「跳動」，你的雙眼必須分開數百萬英里遠！我們如何產生與相距數百萬英里的雙眼交替觀看相同的效果？地球繞日軌道的直徑約一億八千六百萬英里，我們可以利用這一點。我們以其他恆星的位置為背景來測量鄰近恆星的位置。六個月後，當地球移動到與原有位置相距一億八千六百萬英里的軌道正對面時，我們再度測量恆星的視位置（apparent position）。如果恆星離我們很近，那麼它的視位置將會「跳動」。從跳動的距

離，我們可以輕易計算出恆星離我們多遠。

　　可惜的是，視差法只能用來測量鄰近的恆星。要測量遙遠的恆星，乃至於其他星系，我們兩隻交替觀看的「眼睛」間隔的距離，必須比一億八千六百萬英里更遠。因此我們必須另尋解決之道。你也許以為可以藉由測量星系的亮度來推算距離；但距離較遠的星系是否亮度一定比距離較近的星系暗呢？問題出在兩個星系**實際上**可能擁有不同的亮度。這就如同估計一根已經點燃的蠟燭距離。如果有些蠟燭比其他蠟燭更明亮，你怎麼確定你看到的是位於遠處的明亮蠟燭，還是位於近處的陰暗蠟燭？

　　慶幸的是，天文學家找到一些特別的恆星，它們發出的是所謂的「標準燭光」（standard candle）。天文學家對這些恆星有深刻的認識，知道它們的光度有多少──不是我們看到的亮度，而是指光在經過漫長的距離來到我們的望遠鏡之前即已具有的強度（或者說，我們可以測量的X光或其他輻射的量）。天文學家也知道如何辨識這些特別的「燭光」；只要能在星系裡找到至少一個這樣的「燭光」，就能利用已經建立的數學計算模式來估算星系的距離。

　　所以我們可以用視差法來測量很短的距離；標準燭光有不同種類的梯級可以用來測量不斷增加的距離，甚至可以延伸到非常遙遠的星系。

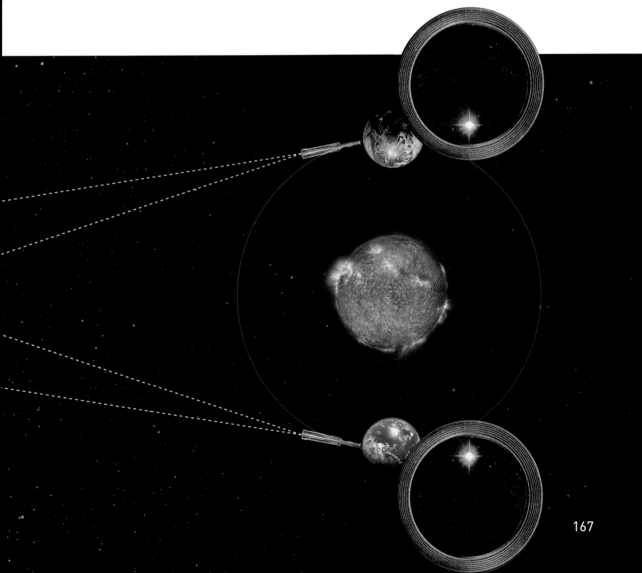

彩虹與紅移

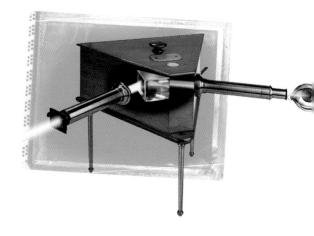

好的，現在我們已經知道星系是什麼，也知道如何測量星系與我們之間的距離。接下來的論證我們需要使用光譜，我們曾在第七章討論彩虹時提到這個東西。我曾受邀爲一本書撰寫一個章節，內容是介紹人類歷史上最重要的發明。但我太晚參與寫作群，因此當我提筆時，許多重要發明已經被選爲主題：輪子、印刷機、電話、電腦等等。所以我只能選擇一件我相信沒有人會選擇而且只有少數人曾使用過（我必須承認，我自己也沒用過），但極爲重要的工具。我選擇的是**分光儀**。

分光儀是製造彩虹的機器。如果把分光儀裝在望遠鏡上，則分光儀可以把特定恆星或星系發出來的光發散成一道光譜，與牛頓使用三稜鏡的效果是一樣的。但分光儀比牛頓的三稜鏡精巧得多，因爲它可以沿著發散的星光光譜做出精確的測量。測量什麼呢？彩虹裡有什麼是可以測量的？我想，這才是眞正有趣的地方。不同恆星發出來的光會產生不太一樣的「彩虹」，而正是這

點可以讓我們對恆星有更深入的認識。

這是否表示星光擁有完全不同的新顏色，是我們在地球上從未見過的？不，絕非如此。你在地球上已經看到了你的眼睛所能看到的所有顏色。覺得失望嗎？我第一次知道這件事時也有相同的感覺。我還小的時候，很喜歡休·洛夫廷（Hugh Lofting）的杜立德醫生（Doctor Dolittle）系列作品。在其中一本書裡，杜立德醫生飛到月球上，驚喜地發現過去人類眼睛從未見過的新顏色。我喜歡這段故事。只要一想到宇宙間的事物並不完全與我們熟悉的地球一樣，我的內心便感到興奮不已。然而想法很好，可惜故事不是眞的——**它不可能是**眞的。根據牛頓的發現，我們看見的所有顏色全包含在白光中，當白光通過三稜鏡時，所有顏色會發散出來。我們平常看到的顏色全包含在這些色彩中。藝術家也許能想出各種色調與濃淡，但這些全是利用白光的基本成分混

合調配而成。我們腦子裡出現的顏色實際上只是腦子產生的標籤，用來辨識不同波長的光。我們已經在地球上看到完整範圍的波長。無論是月亮還是恆星，都無法在色彩這個部分給我們任何驚喜。真遺憾！

我之前提到不同的恆星產生不同的彩虹，而這些差異我們又可以用分光儀來加以測量，我這麼說是什麼意思呢？當星光經由分光儀而發散成光譜時，我們可以在光譜非常特定的地方看見由黑色細線構成的奇怪圖案。有時候這些細線不是黑色而是彩色，而背景則呈黑色——我待會兒再解釋這項差異。這些細線圖案看起來像是條碼，也就是你在商店買的商品上附的那種能在收銀臺進行辨識的條碼。不同的恆星都能產生彩虹，但這些彩虹卻有不同的細線圖案——這種圖案實際上就是一種條碼，它能告訴我們許多關於恆星以及恆星由什麼構成的資訊。

不是只有星光才能顯示條碼線條。地球上的光也一樣，所以我們可以在實驗室裡調查這些條碼是什麼構成的。結果我們發現，條碼是由不同**元素**構成的。例如，鈉在光譜的黃色部分擁有特別明顯的譜線。鈉燈（由鈉蒸氣中的電弧產生）發出黃色的亮光。物理學家了解其中的原理，但我可不了解，因為我是個生物學家，對量子論一竅不通。

我記得自己在南英格蘭索斯伯里（Salisbury）上小學時，被自己戴的亮紅色帽子在黃色街燈下呈現的古怪景象吸引。帽子看起來完全不是紅的，而是黃褐色。亮紅色的雙層巴士也是如此。之所以會這樣，理由如下。索斯伯里與當時許多英國城鎮一樣，以鈉蒸氣燈做為街燈。這些街燈發出的亮光只分布在鈉譜線涵蓋的狹窄光譜區域，而其中最亮的鈉譜線位於黃色地帶。不管怎麼說，鈉燈發出的是純黃色的亮光，迥異於日光的白色或一般燈泡的淡黃色。由於鈉燈的亮光裡完全沒有紅色，因此我的帽子不會反射出紅光。如果你想知道帽子或巴士為什麼看起來是紅的，答案是染料或油漆的分子會吸收光裡面絕大多數的顏色，而會將紅色反射出去。所以在白光下（白光包含所有的波長），帽子與巴士反射了絕大多數的紅色。但在鈉蒸氣街燈下，因為沒有紅光可以反射，因此才呈現出黃褐色。鈉只是一個例子。你應該記得我們在第四章提過，每個元素都有獨特的「原子序」，也就是原子核裡的質子數量（以及繞行原子核的電子數量）。每一種元素都有獨特的電子數量，因此在電子軌

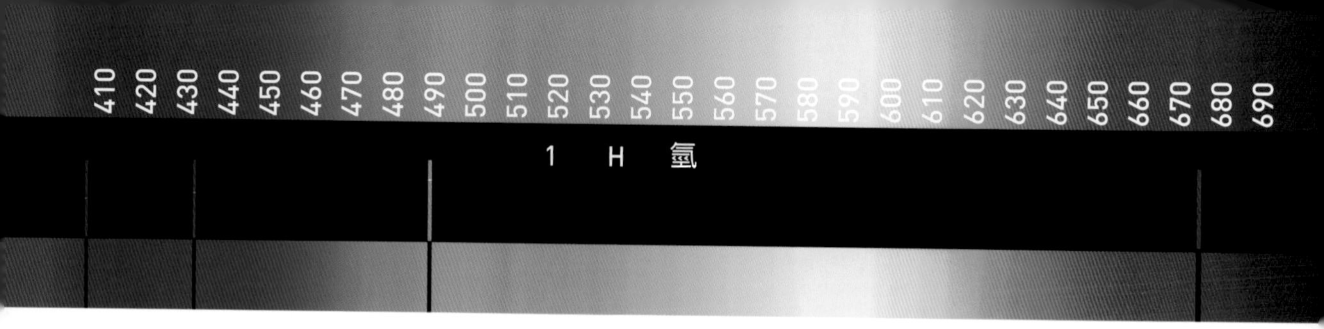

410 420 430 440 450 460 470 480 490 500 510 520 530 540 550 560 570 580 590 600 610 620 630 640 650 660 670 680 690

1 H 氫

道的影響下，每一種元素會對光產生獨特的影響。就像條碼一樣獨特……其實，條碼非常類似星光光譜上的線條圖案。你可以辨別某顆恆星上具有哪幾種自然元素（總共九十二種），方法是利用分光儀將這顆恆星的亮光分離成光譜，然後辨識光譜中的條碼線條。

有一個網站可以讓你選擇自己喜歡的任何元素，並且觀看它們的光譜條碼：**http://bit.ly/MagicofReality2**。只要移動滑動桿到你希望的元素上。這些元素依照原子序排列，從氫開始逐次增加。

舉例來說，上圖表示的是氫，元素1（因為它只有一個質子，你應該還記得）。你可以看到氫產生了四條譜線，一條位於光譜紫色的部分，一條位於深藍色，一條位於淺藍色，而一條位於紅色（不同顏色的波長標示於頂端）。

為了了解這個網站上的圖，我們必須解釋兩個容易混淆的細節。首先，留意這幾條譜線以兩種方式呈現：一種是黑色背景上的彩色線條（圖的上半部），另一種是彩色背景上的黑色線條（圖的下半部）。兩種圖形分別稱為發射光譜（黑色背景上的彩色線條）與吸收光譜（彩色背景上的黑色線條）。你能得出何種光譜，取決

於相關元素是處於發出亮光的狀態（例如在鈉街燈中發光的鈉元素），還是處於吸收亮光的狀態（例如某種元素出現在某顆恆星上）。我不打算針對這項區別多做解釋。重點是在這兩種圖形裡，這幾條譜線都出現在相同的位置上。任何特定元素的條碼圖案都是相同的，無論這些譜線是黑色或彩色。

另一個複雜的細節是有些譜線比其他譜線來得明顯。當我們以分光儀來觀察恆星的亮光時，我們看見的通常是比較明顯的譜線。但先前提到的網站提供的卻是所有的譜線，包括通常只能在實驗室看見而無法從星光中看見的微弱譜線。鈉是個好例子。從實用的目的來說，鈉光是黃色的，而它比較明顯的譜線也出現在光譜的黃色區域：你可以忽略其他譜線，不過有趣的是其他譜線依然存在，而這些譜線看起來會更像條碼。

下圖是鈉的發射光譜，只顯示最明顯的三條條碼線條。你可以看到黃色是最主要的顏色。

由於每一種元素擁有不同的條碼圖案，所以我們可以觀察恆星的亮光，並且辨識恆星上存在著哪些元素。不可否認，辨識的工作有時相當困難，因為有些元素的條碼很容易混淆。但我們還是有辦法區別出來。分光儀真是件神奇的工具。

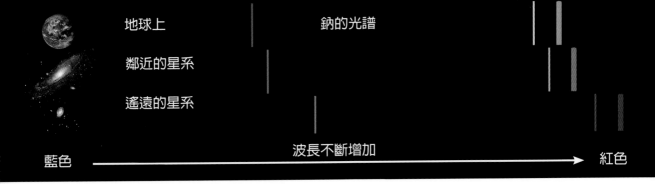

地球上　　　　　　　鈉的光譜

鄰近的星系

遙遠的星系

藍色　　　　　　　　　波長不斷增加　　　　　　　　　　紅色

我們還可以分辨更細微的東西。如果你觀察索斯伯里街燈的光或不是非常遙遠的恆星的光，你看到的將是上頁底部的鈉光譜。我們看到的絕大多數恆星，例如著名的黃道十二星座的恆星，全位於我們的星系裡。這裡顯示的鈉光譜就是你觀察這些恆星時得到的結果。如果你觀察的是來自不同星系的恆星，那麼你看到的鈉光譜將是令人感到好奇的不同景象。本頁頂端的圖是來自三個不同地方的鈉光條碼圖案：地球上（或來自鄰近的恆星），來自鄰近星系的遙遠恆星，與來自非常遙遠星系的恆星。

我們首先觀察來自遙遠星系的鈉光條碼圖案（上圖的底部），並且比對地球上的鈉光條碼（上圖的頂端）。你會看到相同的譜線圖案，每一條譜線間隔的距離完全相同。但整體的圖案卻往光譜紅色端移動。如此一來，我們如何得知它仍然是鈉？答案是譜線之間間隔的圖案仍然相同。如果這種情況只有鈉才有，那麼也許不是那麼具說服力。但所有的元素都是如此。在每個例子裡，我們看到元素各自擁有獨特的間隔圖案，但它們會整體地往光譜紅色端移動。此外，如果只觀察某個星系，你會發現該星系所有元素的條碼在光譜上移動的距離是相同的。

如果你觀察上圖中央的圖案，它顯示的是鄰近我們星系的鈉光條碼——比我上一段提到的遙遠星系來得近，但比我們銀河系的恆星來得遠——你會發現它移動的距離較小。你看到相同的間隔圖案——鈉特有的圖案——但這個圖案移動的距離不是很大。第一條譜線從光譜深藍色的部分往右挪移，但並未移到綠色那麼遠的距離：頂多只移到淺藍色。位於黃色區域的兩條譜線（這兩條線結合成索斯伯里街燈的黃光）一起往相同方向，也就是朝著光譜的紅色端移動，但它們不像來自遙遠星系的光一樣一路移動到紅色區域：它們只是稍微移到了橙色區域。

鈉只是諸多例子之一。其他元素也都顯示它們會往光譜的紅色端移動，而且移動的距離相同。星系越遠，往紅色端移動的距離越長。這種現象稱為「哈伯頻移」（Hubble shift），因為這是由偉大的美國天文學家艾德溫・哈伯（Edwin Hubble）發現的。哈伯死後，他的名字也用來為哈伯望遠鏡命名，而這臺望遠鏡也在偶然間拍攝到遙遠星系的照片，也就是本書第一百六十五頁的照片。此外，這種現象也稱為「紅移」，因為它總是往光譜的紅色端移動。

回到大霹靂

紅移的意義是什麼？我們很幸運，因為科學家對此已有充分的認識。紅移是「都卜勒頻移」（Doppler shift）的一個例子。當波出現時，就會出現都卜勒頻移，我們在上一章提到，像光就是由波構成的。都卜勒頻移通常稱為「都卜勒效應」，我們比較熟悉的例子是聲波。當你站在路邊，看著車輛呼嘯而過，每輛汽車經過你身旁時，它們的引擎聲似乎聲調都會降低。你知道汽車的引擎聲實際上一直保持不變，那麼為什麼聲

調聽起來降低了呢？答案是都卜勒頻移，以下就是我們的解釋。

聲音經由空氣傳導，是一種空氣壓力變化的波。當你聽著汽車引擎的聲音——或者我們以喇叭為例，因為喇叭聲比引擎聲悅耳多了——聲波是從聲源發出，經由空氣往四面八方傳播。你的耳朵剛好位於其中一個方向上，因而可以接收到喇叭造成的空氣壓力變化，你的大腦將這種壓力變化解讀成聲音。不要以為聲波是空氣分子從喇

叭一路移動到你的耳朵。聲波的移動並非如此：
會這麼移動的是風，而風只會往單一方向移動，
與此相反，聲波是向外朝四面八方傳播，就像你
丟一顆石子到池塘裡，池塘的表面會形成朝所有
方向移動的漣漪。

最容易了解的波是所謂的波浪舞（Mexican
Wave，見上圖）。在大型體育場裡，觀眾依序
地起立然後坐下，每個人在旁邊的人（譬如左邊
的人）做完動作之後，立即跟著做一遍相同的動

作。起立然後坐下的波浪快速繞著體育場移動。
實際上沒有任何人離開自己的座位，但波浪卻在
移動。事實上，這道波浪移動的速度比人奔跑的
速度快得多。

在池塘裡移動的是水面高度變動產生的波。
構成水波的水分子其實並未從小石子投入水中的
那一點往外移動。水分子只是上下移動，就跟體
育場的觀眾一樣。實際上沒有任何事物從石子
投入水中的那一點往外移動。看似移動的現象其

實是水面的高點與低點往外移動所致。

聲波的情況略有不同。在聲音的例子裡，移動的是空氣壓力變化的波。空氣分子先稍微遠離喇叭（或聲源）一點，然後又回到原地。這些空氣分子來回移動時，撞擊到鄰近的空氣分子，使這些分子也跟著來回移動。而被撞擊的這些分子又撞擊到下一個鄰近的分子，因此形成分子碰撞的波（也就形成了壓力變化的波）。聲波便是藉由這種方式從喇叭往四面八方傳布。你的耳朵接收到的是喇叭傳來的波，而非空氣分子本身。聲波的速度是固定的，不因聲源是喇叭、人聲或汽車而改變：聲波在空氣中的時速大約七百六十八英里（在水中傳導的速度是空氣的四倍以上，在某些固體中甚至更快）。如果你用喇叭吹奏高音，聲波的速度還是一樣，但波峰（即**波長**）的距離會縮短。吹奏低音，則波峰的距離會延長，但聲波的速度仍維持不變。因此，高音的波長比低音短。

這就是聲波的原理。接下來我們要解說都卜勒頻移。假設有一名喇叭手站在覆蓋著白雪的山坡上，吹奏著連續不斷的長音符。你坐在平底雪橇上，快速地滑過喇叭手（我故意選擇雪橇而不選擇汽車是因為雪橇比較安靜，你才能聽到喇叭的聲音）。你會聽見什麼？接續不斷的波峰以固定的距離遠離喇叭手，而波峰之間的距離取決於喇叭手吹奏的音符。當你快速衝向喇叭手時，你的耳朵是在比靜止站在山頂更快的速度下匆促接收到接續的波峰。因此喇叭的音符聽起來會比實際情況高一些。然後，在你滑過喇叭手之後，你的耳朵接收到速度較慢的連續波峰（波峰之

間的距離會拉大，因為波峰跟你的雪橇是同向移動），所以音符聽起來會比實際情況低一點。如果你的耳朵靜止不動，改成是聲源移動，那麼效果也是一樣。據說（我不知道是不是真的，但這是個好故事）發現這種效應的奧國科學家克里斯提昂・都卜勒（Christian Doppler），曾僱用一支銅管樂隊在無蓋的火車貨廂上演奏，以證明這種現象。當火車從聽眾身旁呼嘯而過時，樂隊演奏的樂音音調突然降低，令在場的人驚訝不已。

光波的狀況又不同了——不盡然與波浪舞相同，也不完全與聲波類似。但光波也會產生自身特有的都卜勒效應。回想一下先前提到的，光譜紅色端的波長比藍色端來得長，綠色則位於中央的位置。假設都卜勒的火車貨廂載的樂手穿的全是黃色制服。當火車朝你急馳而來，你的眼睛會比火車靜止時更為快速的狀況下「匆促」接收到波峰。如此一來，樂手制服的顏色將會稍微往光譜綠色的方向移動。現在，當火車經過你的身旁高速離你而去，整個情況會倒過來，樂手的制服會變得稍微紅一點。

　　這個例子只有一個地方不對勁。為了讓你發現襯衫變藍或變紅，火車的速度必須高達時速數百萬英里。火車的速度不足以讓色彩的都卜勒效應明顯到讓人得以察覺。但星系可以。一七〇頁那張圖顯示的鈉條碼線條，位置逐漸往光譜的紅色端移動，說明非常遙遠的星系正以時速數億英里的高速遠離我們。這些星系越遠離我們（以我先前提到的「標準燭光」來測量），遠離的速度就越快（紅移的距離就越大）。

177

宇宙所有的星系正高速遠離彼此，這意味著這些星系也正高速遠離我們。無論你的望遠鏡指向何處，都能看見這些遙遠的星系以越來越快的速度遠離我們（也遠離其他星系）。整個宇宙（包括太空本身）正以驚人的速度不斷擴張。

你也許會問，為什麼太空的擴張只及於星系的層次？為什麼星系內的恆星不會彼此遠離？為什麼你和我不會彼此遠離？答案是距離相近的恆星群就像星系裡的星團一樣，可以感覺到鄰近星體強大的引力，這些引力將這些恆星牢牢結合起來，反觀遙遠的星體（例如其他星系）則隨著宇宙的擴張而日漸遠去。

令人驚訝的是，天文學家除了觀察宇宙的擴張，也進行時間的回溯。他們彷彿拍攝了一部不斷擴張的宇宙電影，隨著星系不斷高速遠離，這些天文學家又讓電影倒轉。在回溯的電影中，星系不再高速遠離，反而彼此匯聚在一起。從電影中，天文學家可以回推計算宇宙的擴張可能開始於何時，他們甚至可以算出相對精確的時刻。根據他們的研究，這個時刻應該介於距今一百三十億年到一百四十億年之前。這就是宇宙誕生的時刻──這個時刻又稱為

「大霹靂」。

今日的宇宙「模型」假定在大霹靂中誕生的不只是宇宙，還有時間與空間。不用奢望我解釋這句話，因為我不是宇宙論者，我不了解這些東西。但你現在或許能了解，為什麼我認為分光儀是人類歷史上最重要的發明之一。彩虹不只美麗，彩虹也告訴我們萬物（包括時間與空間）從何時開始。由於知道這件事，我覺得彩虹看起來似乎更美麗了。

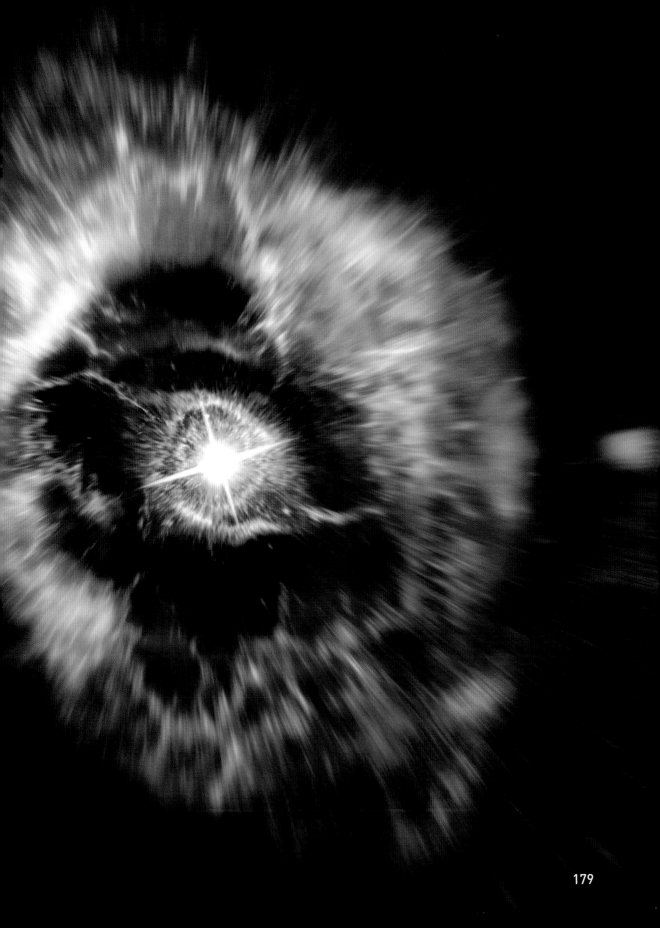

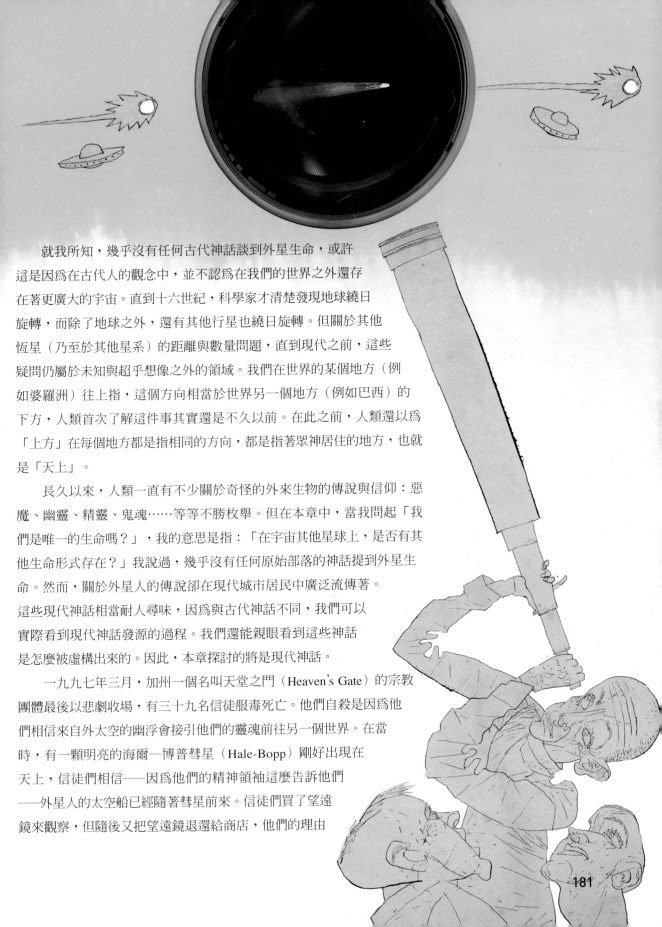

　　就我所知，幾乎沒有任何古代神話談到外星生命，或許這是因為在古代人的觀念中，並不認為在我們的世界之外還存在著更廣大的宇宙。直到十六世紀，科學家才清楚發現地球繞日旋轉，而除了地球之外，還有其他行星也繞日旋轉。但關於其他恆星（乃至於其他星系）的距離與數量問題，直到現代之前，這些疑問仍屬於未知與超乎想像之外的領域。我們在世界的某個地方（例如婆羅洲）往上指，這個方向相當於世界另一個地方（例如巴西）的下方，人類首次了解這件事其實還是不久以前。在此之前，人類還以為「上方」在每個地方都是指相同的方向，都是指著眾神居住的地方，也就是「天上」。

　　長久以來，人類一直有不少關於奇怪的外來生物的傳說與信仰：惡魔、幽靈、精靈、鬼魂⋯⋯等等不勝枚舉。但在本章中，當我問起「我們是唯一的生命嗎？」，我的意思是指：「在宇宙其他星球上，是否有其他生命形式存在？」我說過，幾乎沒有任何原始部落的神話提到外星生命。然而，關於外星人的傳說卻在現代城市居民中廣泛流傳著。這些現代神話相當耐人尋味，因為與古代神話不同，我們可以實際看到現代神話發源的過程。我們還能親眼看到這些神話是怎麼被虛構出來的。因此，本章探討的將是現代神話。

　　一九九七年三月，加州一個名叫天堂之門（Heaven's Gate）的宗教團體最後以悲劇收場，有三十九名信徒服毒死亡。他們自殺是因為他們相信來自外太空的幽浮會接引他們的靈魂前往另一個世界。在當時，有一顆明亮的海爾—博普彗星（Hale-Bopp）剛好出現在天上，信徒們相信——因為他們的精神領袖這麼告訴他們——外星人的太空船已經隨著彗星前來。信徒們買了望遠鏡來觀察，但隨後又把望遠鏡退還給商店，他們的理由

181

是望遠鏡「沒有用」。他們怎麼知道望遠鏡沒有用？因為他們使用望遠鏡之後，還是找不到太空船！

天堂之門的領袖馬歇爾・艾波爾懷特（Marshall Applewhite）對信徒宣揚的各種荒謬說法，他自己信不信呢？或許他真的相信，因為他自己也服毒自殺了，所以看起來他是真心相信此事！許多宗教領袖以花言巧語哄騙信徒，為的是霸占女性信眾，使她們成為自己的財產，但艾波爾懷特跟許多早期信徒一樣，他們從一開始就做了閹割手術，因此性在他心裡面應該不是最重要的事。

這些人絕大多數有個共通點，那就是他們都很喜歡閱讀科幻小說。天堂之門的信徒對於《星艦奇航記》（Star Trek）極為凝迷。當然，一本以外星人為內容的科幻小說本身沒有什麼壞處，因為絕大多數讀者都知道它是什麼：虛構、想像與無中生有的故事，它描述的並非真實發生的事情。但有為數不少的人堅定地、真心地與不可動搖地相信，自己曾被來自外太空的外星人抓走（「綁架」）。這些人渴望到只需要一點點「證據」，就能相信自己真的與外星人有過接觸。舉例來說，有人相信自己曾被外星人綁架，理由是他經常流鼻血。他的說法是外星人在他的鼻子裡放了無線電發報機來監控他。他也認為自己可能有一部分是外星人，因為他的膚色比他的父母還要來得深一點。

有數量多到令人吃驚的美國人（其中許多人神智正常）真的相信自己曾被帶到飛碟上接受可怕的實驗。至於帶走他們的外星人則是一群皮膚呈灰色的小人，他們的頭部異常龐大，長了一雙如太陽眼鏡包覆著臉部的巨大眼睛。「外星人綁架」的神話，就像古希臘神話與奧林帕斯山上的眾神一樣豐富、多彩

與詳細。但這些外星人綁架的神話是晚近的，你可以實際走訪這些相信自己被綁架的人：他們顯然是正常、理智而冷靜的人，他們會告訴你，他們曾與外星人面對面接觸；而且能向你形容外星人的長相，以及這些外星人在進行令人不快的實驗，還有把針刺進人體時說的話（當然，這些外星人說的都是英語！）。

蘇珊‧克蘭西（Susan Clancy）是少數幾位曾針對宣稱自己被外星人綁架的人進行詳細研究的心理學家。不是所有的人都清楚記得事件的過程，有些人甚至完全沒有記憶。他們解釋失去記憶的原因，內容不外乎外星人一定在對他們的身體做完實驗之後，使用了某種邪惡的技術消除了他們的記憶。有時這些人會尋求催眠師或精神治療師的協助，希望能「恢復他們的記憶」。

順帶一提，恢復「失去的」記憶與外星人是兩碼事，而且記憶本身就是一個令人感興趣的話題。當我們認為自己記得真實的事件時，我們記得的可能只是另一個記憶……它可能是、也可能不是原來那起事件的真相。記憶的記憶的記憶可能逐漸遭到扭曲。有許多證據可以證明，我們擁有的一些最鮮明的記憶其實是**虛假的**記憶。而這些虛假的記憶很可能被一些寡廉鮮恥的「治療師」刻意地植入到你的腦子裡。

虛假記憶症候群可以幫助我們理解，為什麼那些宣稱自己遭到外星人綁架的人會強調自己對整起事件有著鮮明的記憶。最常出現的原因，就是這些人原本就沉迷於外星人，而且時常留意報紙上有關外星人綁架的報導。我說過，這些人通常也是《星艦奇航記》的影迷或其他科幻小說的書迷。最明顯的事實是，這些人描述自己看見的外星人外貌，往往像極了最近電視影集裡的外星人造型，就連外星人做的「實驗」也跟最近電視播出的內容一模一樣。

除了虛假記憶症候群外，這些人可能有一些令他們恐懼的經驗，我們稱之為睡眠麻痺。這種現象並不罕見。也許你就有這樣的經驗，現在我要解釋這種現象的成因，希望下次你遇到類似狀況時能不再那麼害怕。在正常狀況下，當你入睡做夢時，你的身體是呈現麻痺

的狀態。我想這是為了避免讓你的肌肉搭配著你的夢境來進行活動或甚至夢遊（當然有時會發生這種現象）。而在正常的狀況下，當你醒來而且夢境結束時，身體的麻痺狀態也會跟著消失，你可以自由使用你的肌肉。

然而有時候，在你的心靈恢復意識與你的肌肉重獲生機之間會出現一些落差，這就是所謂的睡眠麻痺。你可以想像，在這種情況下有多麼令人驚恐。你的神智已然清醒，你可以看見你的臥室與臥室裡的陳設，但你卻動彈不得。睡眠麻痺通常伴隨著恐怖的幻覺。人們覺得四周充滿可怕而難以形容的危險。有時人們甚至會看見不存在的事物，就像在夢裡一樣，而對於做夢的人來說，這些虛幻的事物卻無比真實。

如果你在遭遇睡眠麻痺時出現幻覺，你可能看見什麼？現代科幻小說迷可能看見灰色的小矮人，長著一顆大頭與黝黑空洞的雙眼。如果早幾個世紀，當時還沒有科幻小說，人們可能看見截然不同的幻覺：妖精或狼人；吸血鬼或（如果運氣好的話）擁有美麗雙翼的天使。

重點是，人們在睡眠麻痺時看見的景象並非真實存在之物，而是心靈連結了過去的恐懼、傳說或虛構所產生的意象。睡眠麻痺的受害者即使未產生幻覺，但全身動彈不得仍會帶給他們極大的驚悚，因此當他們醒覺之時，往往相信真的有

可怕的事發生在自己身上。如果你原本就相信吸血鬼的存在，那麼當你醒來後，很可能深信自己曾遭到吸血鬼的攻擊。如果我平日就一直留意外星人綁架的報導，那麼我醒來之後，很可能相信自己曾遭到綁架，而且一口咬定自己的記憶已經被外星人消除。

其次，睡眠麻痺受害者的典型行為在於，即使他們實際上未曾出現外星人與可怕實驗的幻覺，他們的恐懼也會將自己疑神疑鬼的內容重建為真實，進而將其鞏固成虛假的記憶。若有朋友與家人在一旁敲邊鼓，更會助長這種虛構的過程，他們總是試圖從受害者身上套取更多的資訊，甚至提出一連串誘導性的問題：「他們是外星人嗎？他們是什麼顏色？他們是灰色的嗎？他們是否跟電影一樣，眼睛大得蓋住半邊臉？」就連問題本身也可能植入或加強虛假的記憶。一旦你了解這一點，你就不會對一九九二年的一項民調結果感到訝異，有將近四百萬美國人認為自己曾被外星人綁架。

我的朋友心理學家蘇·布萊克摩爾（Sue Blackmore）指出，其實早在外星人深入人心之前，睡眠麻痺已經產生了不少恐怖的想像畫面。在中世紀，有人宣稱自己在深夜時遭到「夢魔」

（與睡眠中的女子性交的男惡魔）或「女夢魔」（與睡眠中的男子性交的女惡魔）的騷擾。睡眠麻痺的一個症狀是，如果你想移動身體，你會覺得好像有東西壓住你的身體。受到驚嚇的受害者很容易將這種現象解釋為性侵害。紐芬蘭的傳說提到半夜有時會有老女巫壓在睡覺的人胸口。中南半島則提到深夜有「灰鬼」會讓人全身麻痺。

我們現在了解為什麼有人相信自己被外星人綁架，因此，我們可以把外星人綁架的現代神話，與貪得無厭的夢魔和女夢魔或長著獠牙半夜前來吸吮我們鮮血的吸血鬼這些早期神話聯繫起來。沒有充分的證據證明曾有外太空的外星人（或夢魔、女夢魔與任何種類的惡魔）造訪過地球。但我們仍感到疑惑，到底其他行星有沒有生命存在。這些生命從未曾造訪地球，不代表他們不存在。相同的演化過程，或甚至非常不同、只有一小部分與我們的演化類似的過程，是否和我們的行星一樣，正在其他行星上進行著？

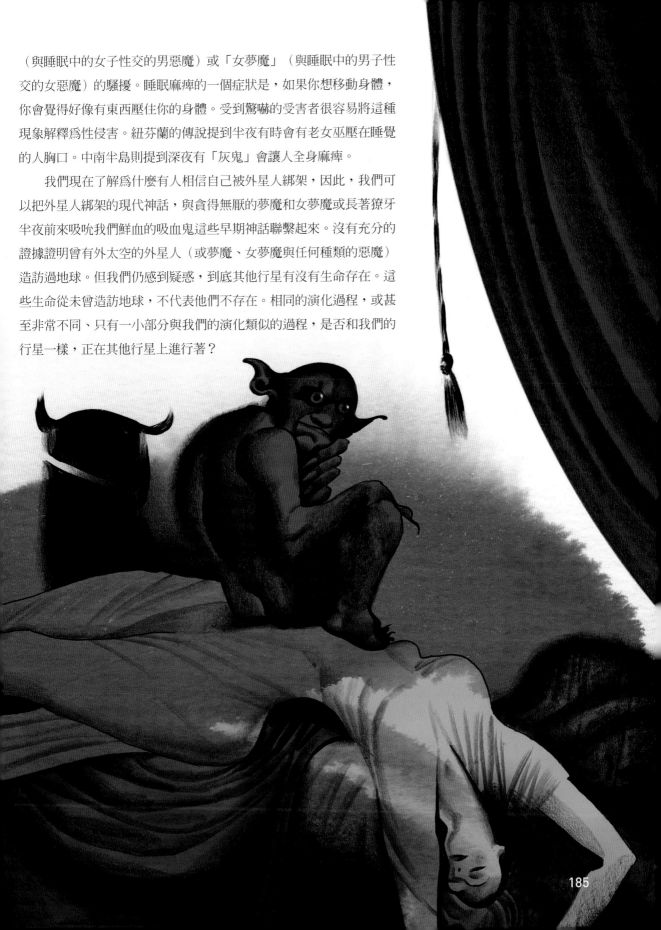

IS THERE REALLY LIFE ON OTHER PLANETS?

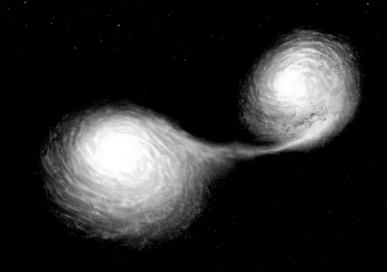

其他行星究竟有沒有生命存在？

　　沒有人知道。但如果你一定要我給個答案，我會說有，而且這樣的行星或許有數百萬顆。但誰在乎我說了些什麼呢？反正沒有直接證據可以證明。科學的一項重要美德就是科學家知道自己有不知道答案的時候。他們欣然承認自己不知道。之所以欣然，是因為不知道答案是一項令人振奮的挑戰，能激勵他們追根究柢。

　　總有一天，我們將擁有其他行星生命的確

實證據，屆時我們將獲得明確的解答。目前科學家所能做的就是盡可能寫下資訊，把不確定性降到最低，使我們從純粹的猜測進展到可能性的估計。而光是這項任務本身就是一件有趣而具挑戰性的工作。

我們要問的第一件事是有多少顆行星？直到相當晚近，人類一直相信繞行我們的太陽的這幾顆行星就是全部的行星，因為即使用上最大的望遠鏡，我們也無法觀測到太陽系以外的行星。如今我們有明確的證據顯示有大量的恆星擁有行星，而且幾乎每天都能發現新的「太陽系外」（extra-solar）行星。太陽系外行星是指繞行著太陽以外的恆星（sol是拉丁文，指太陽；extra也是拉丁文，指以外）的行星。

你可能以為觀測行星的一個顯而易見的做法就是使用望遠鏡。遺憾的是，在遙遠距離下，行星的亮光實在太微弱──行星本身不發光，它們只能反射恆星的光──所以我們無法直接看見行星。我們必須仰賴間接的方法，而最好的方法還是得借重分光儀，也就是我們在第八章提過的工具。以下是運用的方法。

當一個天體繞行另一個與它大小相仿的天體時，兩個天體會彼此繞行，因為它們對彼此產生近乎相同的引力。當我們仰望天空，我們看到的一些明亮的恆星其實是兩顆恆星──所謂的雙星──它們彼此繞行就像啞鈴的兩端，中間連接著隱形的棒子。當其中一個天體比另一個天體小得多時，例如恆星與行星的例子，則比較小的天

體將會開始繞行比較大的大體，而比較大的大體在比較小的天體引力作用下，只會產生細微的運動。我們常說地球繞日旋轉，不過事實上太陽因為地球引力的關係也會產生細微的運動。大如木星的行星可以對恆星的位置產生明顯的影響。恆星因行星的引力而產生的細微運動，因為實在很微小，所以還不到「繞行」行星的程度，不過我們的儀器還是可以偵測到這類移動，即使我們仍無法觀測到恆星周圍的行星。

我們觀測恆星運動的方法本身即饒富興味。所有的恆星都離我們太過遙遠，即使運用強大的望遠鏡也無法看出它正在移動。然而奇妙的是，雖然我們無法看出恆星移動，我們卻可以測量恆星移動的速度。這聽起來很奇怪，但這就是分光儀的用處所在。還記得第八章的都卜勒頻移嗎？當恆星的運動剛好遠離我們的時候，它的光將會紅移。當恆星的運動是接近我們的時候，它的光將會藍移。所以，如果一顆恆星擁有一顆繞行的行星時，分光儀會顯示出紅─藍─紅─藍的律動感，而從它們規律移動的時間可以算出行星的年有多長。當然，如果行星不只一顆的話，情況會更為複雜。但天文學家都是數學高手，他們有能力處理這類複雜的問題。就在寫作的此時（二〇一一年一月），我們已經運用這種方法觀測到有四百八十四顆行星繞行四百零八顆恆星。等到你讀到這一段的時候，想必觀測到的數量一定變得更多。

我們還有其他的方法可以觀測行星。舉例來

尋找適居帶

　　我們知道生命需要水。但我們也必須提醒自己，生命的形式不只局限於我們所知的種類。不過到目前為止，外星生物學家（尋找外星生命的科學家）還是認為水是必要之物——因此他們的努力主要集中在尋找有水的天體。水比生命容易觀測。如果能發現水，雖然不表示一定有生命存在，但至少有生命存在的可能。

　　就我們所知，生命存在至少要有液態的水。光有冰不行，只有蒸氣也行不通。仔細觀測火星可以發現液態水的證據，儘管今日已不存在，但過去一定有。其他的行星至少存在著一些水，只不過不是液體的形式。歐羅巴（Europa）是木星的衛星之一，它的表面覆蓋著冰，據信在冰層底下可能存在著大量液態水。人們曾一度認爲，火星是太陽系裡最可能出現外星生物的星球，著名的天文學家伯西瓦爾·羅威爾（Percival Lowell）

甚至畫下他臆測的火星表面縱橫交錯的運河。如今，太空船已能拍攝詳細的火星照片，甚至還能登陸火星表面，結果證明運河不過是羅威爾的想像與虛構。如今，歐羅巴衛星已經取代火星，成爲人類想像中太陽系裡最可能出現外星生物的星球，但絕大多數科學家認爲，我們的眼光應該放得更遠。證據顯示，太陽系外行星的水其實並不會特別稀罕。

太冷　　　　　　　　　　　　　　　　　適居帶

　　溫度呢？如果行星要支持生命存在，它的溫度要調節到什麼程度才行？科學家提出所謂的「適居帶」：介於太熱（如熊爸爸的粥）與太冷（如熊媽媽的粥）這兩個極端之間的「剛好」地帶（如熊寶寶的粥）。地球的軌道「剛好」適合生命生存。既不會離太陽太近，太近的話地球上的水會沸騰；也不會離太陽太遠，太遠的話水會凍成冰塊，而且植物也得不到充分的陽光。雖然宇宙裡的行星多得不可勝數，但是溫度以及與恆星的距離都能恰到好處的，卻是少數中的少數。

　　最近（二○一一年五月），科學家發現了一顆繞行恆星格利澤581（Gliese 581）的「適居行星」。格利澤581距離地球約二十光年，以恆星來說並不算遠，但以人類標準而言仍是非常長的距離。格利澤581是「紅矮星」，比太陽小得多，因此它的適居帶相應地離它更近。格利澤581至少有六顆行星，分別稱為格利澤581e、b、

c、g、d與f。這幾顆行星都是類地行星，其中格利澤581d被認定可能位於有液態水的適居帶上。我們還不知道格利澤581d到底有沒有水，但如果有的話，則很可能是以液態而非固態或氣態的方式呈現。沒有人知道格利澤581d是否有生命存在，但有一點是可以確定的，那就是自從人類開始搜尋適居帶以來，很快就找到了像格利澤581d這樣的星球，這不禁使人想到，宇宙中可能還有很多類似的適居行星存在。

　　行星的大小呢？是否有所謂適居的大小——不太大，也不太小，而是大小剛好？行星的大小（嚴格來說是行星的質量）對生命的影響很大，這是因為引力的緣故。一顆直徑與地球相同的行星，如果絕大部分由固態的金構成，那麼它的質

太熱

恆星

量將會是地球的三倍以上。行星的引力也將是地球引力的三倍以上。所有物體（包括所有的生命體）的重量都將增加為原來的三倍以上。在這種情況下，走路只能以「舉步維艱」來形容。像老鼠一般大小的動物需要更粗大的骨骼來支持身體，於是原本小巧的動物看起來會像一頭縮小版的犀牛，而像犀牛一樣大小的動物則會被自己的體重壓得窒息而死。

正如金比地球的主要成分鐵、鎳與其他物質來得重，煤則顯然輕得多。一顆像地球一樣大小的行星，如果絕大部分是由煤構成，則它的引力將只有地球引力的五分之一左右。一頭像犀牛一樣大小的動物可以靠著像蜘蛛一樣細長的腿飛快地行走。如果行星其他條件允許的話，那麼比最大的恐龍還大的動物也能愉快地演化發展。月球的引力大約是地球的六分之一。這就是為什麼太

空人在月球漫步時總是呈現出奇異的跳躍步伐，而這種景象更因他們身上穿的厚重太空衣而顯得可笑滑稽。在引力微弱的行星上進行演化的動物，外表會跟地球上的動物有很大的不同——一切由天擇決定。

如果引力強到跟中子星一樣，那麼就不可能有生命存在。中子星是一種坍縮的恆星。如我們在第四章學到的，事物通常是由近乎中空的空間構成的。如果與原子核本身的大小相比，則原子核與原子核之間的距離顯然相當遙遠。但在中子星裡，「坍縮」指的是所有中空的空間完全消失。一顆大小如一座城市的中子星，質量可以與太陽相當，由此可知它的引力極為強大，足以粉碎一切。如果你被扔到中子星上，你的體重會是你在地球上的一千億倍。你會直挺挺地躺在地上，一動也不能動。一顆行星只要擁有中子星的一丁點引力，就足以使其被排除於適居帶外——不只是我們所知的生命形式無法在上面生存，而是我們所能想像的一切生命形式都無法在上面生存。

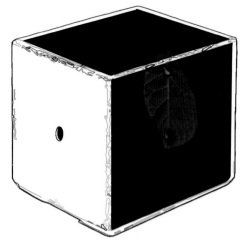

就看你的了

　　如果其他行星有生物存在，他們可能長成什麼樣子？科幻小說的作者有點偷懶地讓外星生物看起來類似人類，只是在一些地方做了改變──巨大的頭部，特大號的眼睛，也許還長了翅膀。即使這些虛構的外星生物長得不像人，絕大多數生物的外表也是由我們熟悉的生物改造而來，例如蜘蛛、章魚或蘑菇。然而或許這不只是偷懶，也不只是缺乏想像力。或許這些作家真的有很好的理由，把外星生物（如果真的有的話，而我認為或許真的有）想像成令讀者不感到陌生的樣子。眾所周知，小說裡的外星生物經常被描繪成長了蟲眼的怪物，所以我就以眼睛為例來做說明。我也可以舉腿、翅膀或耳朵為例（或甚至納悶為什麼動物沒有輪子！）。但我還是要把重點放在眼睛上，並且嘗試說明其實把外星生物想成長著蟲眼的怪物並不真的是偷懶。

　　眼睛是件好東西，它在絕大多數行星都非常有用。光行進的路線是直線，因此具有實用意義。只要在有光的地方，例如在恆星附近，生物可以輕易運用光線來找到自己的行進路線，決定巡遊的方向，以及確定事物的位置。擁有生命的行星幾乎一定位於恆星附近，因為所有的生命都需要能量，而恆星是能量的明顯來源。因此只要有生命的地方，幾乎就有光；而在有光的地方，就有可能演化出眼睛，因為眼睛在光的環境裡非常有用。眼睛在我們的行星上獨立演化了數十次，這一點也不令人驚訝。

　　產生眼睛的方式很多，我認為每一種方式都可以在動物界找到例證。例如照相機式的眼睛（左上圖），這種眼睛如同照相機，它有一個暗室，暗室前方有一個小孔讓光線進入，經過透鏡（水晶體）在後方屏幕（視網膜）上聚焦成上下顛倒的影像。甚至透鏡也非必要之物。光是一個小孔就能完成所有的工作，但前提是必須夠小，而這也意味著射進來的光非常微弱，因此影像也

會非常黯淡——除非行星剛好受到比我們從太陽取得的還要多的光線照射。這當然有可能發生。在這種環境下生活的外星生物實際上擁有的會是針孔般的眼睛。人眼（前頁右圖）擁有水晶體，用來增加聚焦於視網膜的光線量。位於眼球後方的視網膜，上面覆蓋了一層感光細胞，可以透過神經將信息傳遞給大腦。所有的脊椎動物都擁有這種眼睛，而照相機式眼睛則由其他種類的動物獨立演化而成，包括章魚，而且當然也由人類設計者加以發明。

蠅虎（左下圖）擁有一種詭異的掃瞄式眼睛。這種眼睛有點類似照相機式眼睛，唯一不同的是視網膜。蠅虎的視網膜並未完全覆蓋著感光細胞，有覆蓋的部分只有一塊狹長的區域。這塊狹長的視網膜連結著肌肉，由肌肉牽動視網膜來「掃瞄」蜘蛛前方的景象。有趣的是，這種視網膜有點類似電視攝影機的拍攝方式，因為它只有單一頻道來傳送整個影像。蜘蛛的視網膜以直線的方式上下左右地掃瞄，但掃瞄的速度很快，因此牠接收到的影像看起來彷彿是單一的影像。蠅虎的眼睛沒有掃瞄得如此迅速，牠們總是將注意力集中在影像中「有趣」的部分，例如蒼蠅，但原理是一樣的。

接著還有複眼（右下圖），昆蟲、蝦子與其他種類的動物擁有這種眼睛。複眼由數百個管狀物組成，這些管狀物由半球中央往外放射分布，每個管狀物注視的方向略有不同。管狀物上方覆蓋著一塊小水晶體，所以你可以把管狀物想成是具體而微的眼睛。但這些水晶體無法形成可用的影像：它只能把光集中到管狀物內。由於每個管狀物接收了來自不同方向的光，因此大腦可以總和所有管狀物傳來的資訊來重構影像：相當粗略的影像，但已足以讓蜻蜓捕捉到飛行中的獵物。

我們最大的望遠鏡使用了曲面鏡而非透鏡，有些動物的眼睛也運用了這項原理，特別是扇貝。扇貝的眼睛利用曲面鏡將影像聚焦於視網膜上，而視網膜就位於鏡子前面。這不可避免將擋住一些光線，如同反射望遠鏡一樣，但絕大多數的光線仍能照射到鏡子上，所以影響不大。

以上介紹的眼睛種類，幾乎已經窮盡了科學家所能想像的範圍，地球上的動物成功演化出這些眼睛，而且絕大多數演化了不只一次。因此我們大可拍胸脯保證，如果其他行星上的生物有眼睛的話，那麼他們使用的眼睛想必是我們已經知道的種類。

讓我們稍微運用一下我們的想像力。在我們假想的外星生物生活的行星上，他們的恆星放射出來的輻射能，範圍或許從波長最長的無線電波，到波長最短的X光。外星生物為什麼要將自己局限在狹窄的頻率帶裡，也就是我們所謂的「光」？也許他們擁有無線電眼？或X光眼？

好的影像取決於高**解析度**。解析度的意思是什麼？解析度越高，兩個點的距離就越近，不過再怎麼近還是能彼此區別。長波長無法產生高解析度，這點並不令人意外。光的波長可以細微到以公釐測量，並且產生優良的解析度，但無線電波長則是以公尺來測量。所以無線電波極不適合

用來構成影像，但卻極適合用來通訊，因為無線電波可以**調整**。調整是指以可控制的方式極為快速地予以改變。就我們所知，地球上還沒有任何生物演化出自然的系統來傳輸、調整或接收無線電波：只能留待人類的科技來完成。但或許其他行星上的外星生物已經自然演化出無線電通訊方式。

比光波還短的波呢？例如X光。X光很難聚焦，因此我們的X光機器形成的是陰影而非真實的影像，但其他行星的生命形式擁有X光的視覺，似乎也不是不可能的事。

任何種類的視覺都以光線直線前進或至少以可預測的路徑前進為前提。如果光被散射到四面八方，例如霧裡的光線，那麼對視覺將造成不良的影響。長期籠罩在濃霧裡的行星無法刺激眼睛的演化。相反地，這種環境可能會產生某種回聲測距系統，例如蝙蝠、海豚與人造潛艇使用的「聲納」。河裡的海豚尤其善於使用聲納，因為河水經常因泥沙而混濁，彷彿置身於水中的濃霧一般。聲納在地球上至少演化了四次（蝙蝠、鯨魚與兩種穴居鳥類）。因此，如果我們發現外星生物演化出聲納，我們不用感到驚訝，尤其是那些長期籠罩在霧裡的行星。

或者，外星生物可能演化出以

無線電波進行通訊的器官，他們也許也能演化出真實的雷達來尋找行進的路線，而雷達在霧裡可以產生指引的功能。在我們的行星上，有魚類演化出一種能力，可以運用自身創造的電場的扭曲，來找出自己的行進路線。事實上，這種技巧曾獨立地演化了兩次，分別是某種非洲魚，以及另一種完全獨立發展的南美魚。鴨嘴獸的嘴裡有電子感應器，可以偵測到掠食者在水中游動時肌肉產生的電子干擾信號。我們不難想像外星生物跟地球上的魚與鴨嘴獸一樣演化出電子感應能力，但在功能上更為精巧。

本章與本書其他章節差異很大，因為本章著重在我們不知道的部分，而非我們知道的部分。然而，即使我們至今尚未在其他行星上發現生命（事實上，我們也許永遠都不會發現），我仍希望讀者能了解，科學可以告訴我們許多宇宙的事，同時也能給予我們啟發。我們對外星生物的追尋並非憑藉偶然或隨機：我們的物理學、化學與生物學知識，可以幫助我們找出遙遠恆星與行星充滿意義的資訊，並且辨識出至少可能存在著生命的行星。神祕不可思議的事物不可勝數，我們不可能解開廣大宇宙的所有謎團；但是，在科學協助下，我們至少可以提出合理、有意義的問題，並且辨識出可信的解答。我們毋須編造似是而非的故事：我們從真實的科學調查與發現中自能得到快樂與興奮，而這即足以刺激我們的想像。而且最終來說，這比幻想更令人振奮。

201

10

WHAT IS AN EARTH?

地震是什麼？

想像你安靜地坐在自己的房間裡，或許你正在讀書或看電視或玩電腦遊戲。此時突然傳來一陣可怕的轟隆聲，接著整個房間開始搖晃起來。天花板上的燈劇烈擺盪，架子上的飾物全抖落下來，家具也在地板上拉扯滑動，而你則是從傾斜的椅子上跌坐在地。大約兩分鐘後，一切又平靜下來，整個世界變得靜謐無聲，只有受驚孩子的哭鬧與狗兒的遠吠劃破這片寧靜。你站起身子，發現自己真是幸運極了，房子居然沒有倒。在非常劇烈的地震下，建築物很有可能倒塌。

當我開始寫這本書的時候，加勒比海的島國海地（Haiti）突然遭受強烈地震襲擊，首都太子港（Port au Prince）遭到嚴重摧毀。估計有二十三萬人在地震中喪生，還有許多人（包括窮苦的孤兒）要不是在街頭流浪、無家可歸，就是只能棲身在臨時搭建的帳篷裡。

後來，當我修改這本書的時候，另一場更強烈的地震在日本東北外海發生。這場地

QUAKE?

震導致了巨大的海嘯,當海嘯沖上岸邊時,捲走了整座城鎮,不僅讓數千名居民喪命,也令數百萬人無家可歸,並且導致原本已在地震中受損的核電廠爆炸。

　　地震以及地震引發的海嘯在日本很常見(tsunami〔海嘯〕這個字就是源自於日文),但如此嚴重的災難在日本人有生的記憶裡還是第一次遇到。日本首相形容這是日本自第二次世界大戰以來最慘痛的經驗,而在二戰中,日本的廣島與長崎曾遭到原子彈摧毀。事實上,地震在環太平洋地區相當普遍,紐西蘭的基督城(Christchurch)在日本大地震前的一個月便發生過強烈地震,也造成了人員傷亡。這條「火環」(ring of fire)包括加州大部分地區與美國西岸,一九○六年,舊金山也發生過大地震。至於更大的城市洛杉磯同樣籠罩在地震的陰影下。

當地震來襲時，到底發生了什麼事？

你可以從電腦模擬中了解洛杉磯附近若發生大地震會是什麼情形。模擬是根據現實的科學，針對尚未發生但可能發生的事進行的視覺預測──它是一種由電腦產生的「虛擬」影片。這種影片可以顯示尚未發生的事件，你可以看到事情若真的發生可能會是什麼樣子──也許有一天，它真的會發生。

這裡的圖片顯示了從模擬影片中拍攝的兩組靜止畫面。每一頁左手邊狹長的圖片顯示從上空拍攝的區域，從南向北看，標記了洛杉磯的位置，就像地圖一樣。前兩個畫面，從底部附近開始出現的紅色與黃色斑點是地震開始的地方，又稱為震央。在地圖上曲折向上的紅色細線是聖安德列亞斯斷層（San Andreas Fault），關於這個斷層我待會兒再做介紹。目前只要把它想成是地上的裂縫，一條地表上的脆弱線。

右手邊比較寬廣的畫面不是地圖，看起來比較像是從飛機上鳥瞰的地貌風景，它由北向南地由洛杉磯往東南方看，並且朝著山區與震央（同樣標示成紅色）而去。

如果你在電腦上觀看模擬畫面，你會看到相當令人害怕的景象。在地圖上，你會看到地震的紅色中心一路沿著聖安德列亞斯斷層往北急速移動，此外還有藍色、綠色與黃色的波，它們代表不同強度的震動，不斷朝兩邊散開。大約八十秒後，紅色中心抵達洛杉磯對面的點，而黃色與綠色的波也已經穿過城市。再過十秒鐘，紅色的波已經抵達洛杉磯市中心。此時，你可以看看右手邊的圖，「從飛機上觀看」，了解城市實際發生了什麼狀況，那會是個令人驚奇的景象。整個地貌看起來像液體一樣。它看起來像是海洋，上面有波浪經過。固態而乾燥的地面，就像海洋一樣有海浪橫掃而過！這就是地震。

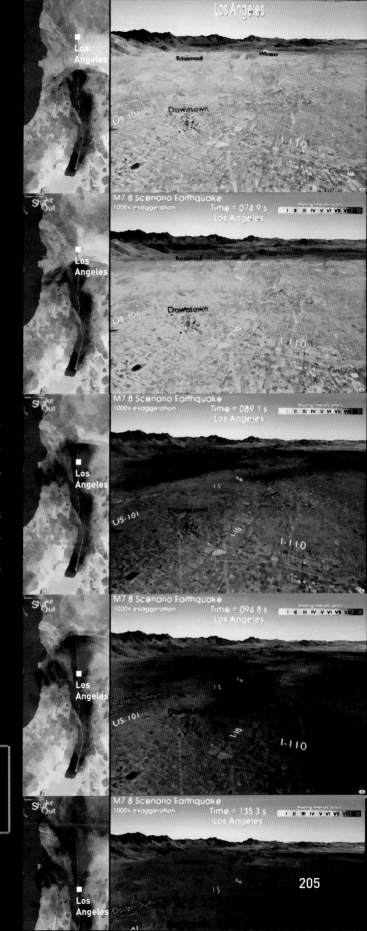

如果你下降到地面，便看不到波浪，因為你太接近這些波，而且與它們相比，你實在太渺小。你只會感覺到地面在動，在你的腳下搖晃，就像我在本章一開頭描述的一樣。如果搖晃得實在太劇烈，你的房子很可能會倒塌。

模擬使用的顏色稱為「假色」，電腦使用這些顏色只是方便人們了解各地的地震有多強。藍色代表弱震，紅色代表強震，綠色與黃色則介於中間。顏色可以藉由圖像的方式，讓我們了解經過地表的各種運動波以及這些波的速度。地震的「紅色」中心以每小時約八千公里（五千英里）的速度，沿聖安德列亞斯斷層往北呼嘯而過。

我說過，這只是電腦模擬，不是真實的地震影片。電腦誇大了運動量，所以看起來要比真實狀態嚴重一千倍。儘管如此，真實的狀況還是很嚇人。

接下來我要解釋到底什麼是地震以及什麼是「斷層線」——就像聖安德列亞斯斷層與世界其他地區的類似斷層。不過在此之前，讓我們先看看一些神話。

你可以在網上看到這些圖片：
http://bit.ly/MagicofReality3

地震神話

我們一開始將介紹兩則圍繞著地震衍生的神話，而與這兩個神話有關的地震確實發生在歷史的某個時期。

有一則猶太傳說提到，兩座城市所多瑪（Sodom）與蛾摩拉（Gomorrah）被希伯來的上帝毀滅，因為這裡的居民過著邪惡的生活。

這兩座城市中唯一的好人是一個名叫羅得（Lot）的男子。

上帝派了兩名天使警告羅得，要他趁還有機會趕快離開所多瑪。

就在上帝開始在所多瑪降下火與硫磺之前，羅得與家人出了城往山上逃去。上帝嚴格命令他們不許回頭，遺憾的是羅得的妻子違反了上帝的命令。她轉頭偷看了一眼。於是上帝馬上把她變成一根鹽柱——有人說，至今你還能看見這根鹽柱。

有些考古學家宣稱找到了證據，證明大約四千年前的一場大地震摧毀了所多瑪與蛾摩拉所在的地區。

如果真是如此，則這兩座城市的毀滅傳說就可以列為我們的地震神話。

另一則可能起源於地震的聖經神話是耶利哥（Jericho）崩塌的故事。耶利哥位於以色列死海稍微靠北一點的位置，是世界最古老的城市之一。從古到今，耶利哥經歷多次地震侵襲：一九二七年，一場大地震震央就位於耶利哥附近，整個地區都感受到劇烈搖晃，距離耶利哥約二十五公里（十五英里）的耶路撒冷（Jerusalem）在這場地震中死了數百人。

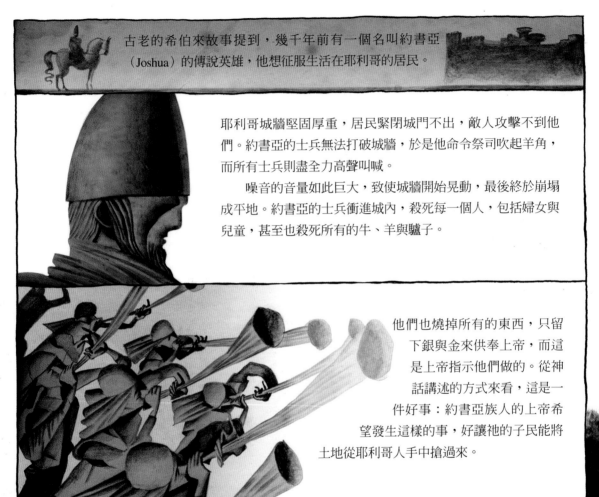

古老的希伯來故事提到，幾千年前有一個名叫約書亞（Joshua）的傳說英雄，他想征服生活在耶利哥的居民。

耶利哥城牆堅固厚重，居民緊閉城門不出，敵人攻擊不到他們。約書亞的士兵無法打破城牆，於是他命令祭司吹起羊角，而所有士兵則盡全力高聲叫喊。

噪音的音量如此巨大，致使城牆開始晃動，最後終於崩塌成平地。約書亞的士兵衝進城內，殺死每一個人，包括婦女與兒童，甚至也殺死所有的牛、羊與驢子。

他們也燒掉所有的東西，只留下銀與金來供奉上帝，而這是上帝指示他們做的。從神話講述的方式來看，這是一件好事：約書亞族人的上帝希望發生這樣的事，好讓祂的子民能將土地從耶利哥人手中搶過來。

由於耶利哥是地震頻繁的城市，因此今日的人們認為，約書亞與耶利哥的傳說可能源於古代地震，在地震劇烈搖晃下，城牆因而傾頹。你不難想像，遠古民族對地震災難的記憶，往往因民眾無法讀寫而仰賴口耳相傳的方式，在世代傳承下免不了誇大與扭曲，最後演變成偉大的部落英雄約書亞的傳說，光靠吼叫與號角聲就能讓城牆垮掉。

我剛才講的這兩則神話可能與歷史上某一場地震有關。世界各地還有許多神話是當地人為了理解地震而產生的。

由於日本經常出現地震，因此有許多活靈活現的地震神話，這一點也不令人意外。

其中有一則神話提到陸地漂浮在一條巨大鯰魚的背上。只要鯰魚輕拍尾巴，陸地就會晃動。

位於日本南方數千英里的紐西蘭毛利人（Maoris），在歐洲水手抵達紐西蘭之前數世紀，他們已然划著獨木舟移居此地。毛利人相信大地之母的肚子裡懷著孩子盧（Ru）。每當盧在母親的子宮裡踢腿或伸展時，就會出現地震。

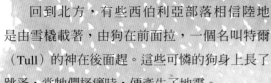

回到北方，有些西伯利亞部落相信陸地是由雪橇載著，由狗在前面拉，一個名叫特爾（Tull）的神在後面趕。這些可憐的狗身上長了跳蚤，當牠們搔癢時，便產生了地震。

在西非的傳說裡，陸地是一個圓盤，一端由一座大山支撐著，另一端則由一名龐大的巨人頂著，巨人的妻子支撐著天。偶爾巨人與他的妻子會彼此擁抱，於是你可以想像，陸地移動了。

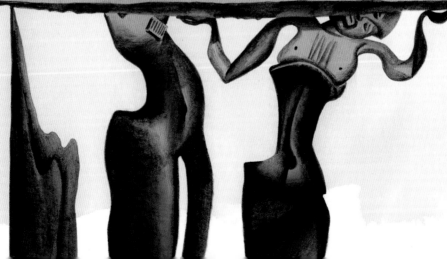

其他的西非部落相信自己住在巨人的頭頂上。森林是他的頭髮，人與動物就像是他頭上的跳蚤。

當巨人打噴嚏時，地震就發生了。至少這是當地部落相信的，不過我倒很懷疑他們是否真的相信。

現在我們已經知道地震的成因，所以該是放棄這些神話的時候，好好了解事實的內容。

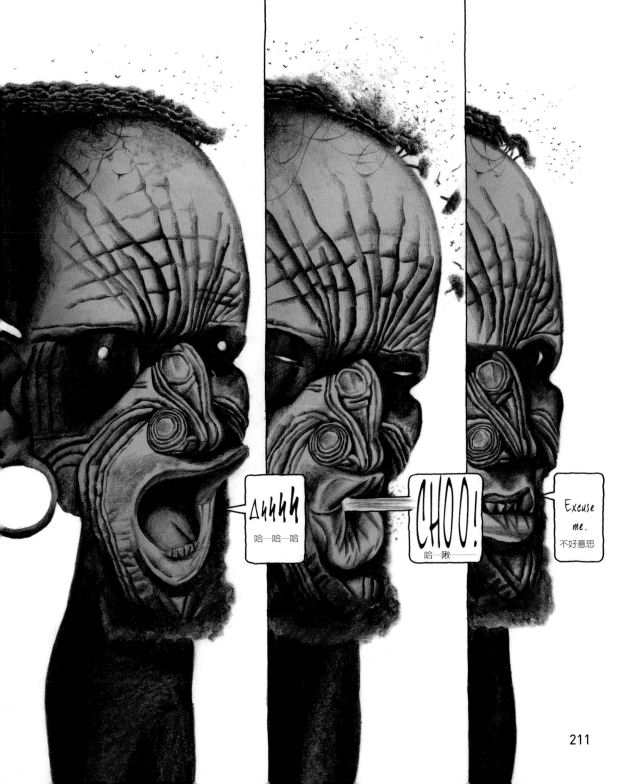

地震究竟是什麼？

　　首先，我們必須先聽聽了不起的板塊構造理論故事。

　　每個人都知道世界地圖長什麼樣子。我們知道非洲的形狀，也知道南美洲的形狀，我們還知道寬闊的大西洋隔開這兩個洲。我們全認得出澳洲的樣子，我們也知道紐西蘭位於澳洲的東南方。我們知道義大利看起來像只靴子，正準備要踢西西里這顆「足球」，而有些人認為新幾內亞看起來像一隻鳥。我們可以輕易地認出歐洲的輪廓，儘管其內部的疆界總是充滿變化。帝國來來去去；國與國的疆界在歷史上不斷變遷。但大陸本身的輪廓卻固定不變。不是嗎？嗯，我想不是，而這正是我們要談的重點。大陸會移動，不可否認它們移動得非常緩慢，山脈的位置也是如此：阿爾卑斯山脈、喜馬拉雅山脈、安地斯山脈與落磯山脈。當然，這些巨大的地理特徵全固

今日的世界　▼

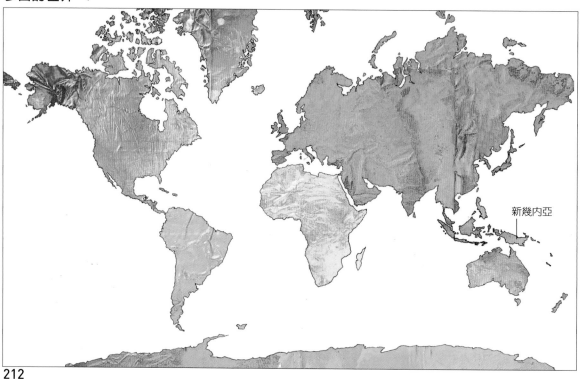

新幾內亞

定在人類歷史的時間尺度上。如果地球會思考的話，它應該會認為這個世界上沒有時間。有文字的歷史只能追溯到五千年前。回溯到一百萬年前（也就是文字歷史的兩百倍），所有的大陸看起來形狀仍沒什麼改變，至少我們的肉眼辨識不出其中的差異。但如果回溯到一億年前呢？我們會看到什麼？

看看底下的地圖！與今日相比，南大西洋是一道狹窄的海峽，看起來彷彿你可以直接從非洲游泳到南美洲。北歐幾乎快觸及到格陵蘭，而格陵蘭也快觸及到加拿大。瞧瞧印度的位置：它不屬於亞洲，而是位於馬達加斯加的右下方，而且走向有點傾斜。如果跟今日較為筆直的樣子相比，非洲傾斜的角度確實與印度有點類似。

讓我們來思索一下，你是否注意到，在現代地圖上，南美洲的東緣看起來像極了非洲的西緣，彷彿它們「想」拼湊在一起，就像拼圖一樣？如果我們稍微回溯一下時間（嗯，大約回溯

個五千萬年，但即使如此，也不過是廣大、緩慢的地質尺度的「一個片刻」），我們會發現這兩塊大陸真的可以拼湊在一起。右下的地圖顯示出一億五千萬年前南方大陸的樣子。

非洲與南美洲可以完全連接在一起，不僅如此，還包括了馬達加斯加、印度與南極洲——還有澳洲與紐西蘭，不過它們是與南極洲的另一邊連接，這張圖沒有畫出來。這些大陸全屬於同一個巨大陸塊，稱為岡瓦納大陸（Gondwana，當時當然不叫岡瓦納，生活在那裡的恐龍不會對任何事物命名，但我們今日稱它為岡瓦納大陸）。岡瓦納往後分裂出幾個小陸塊，創造出一個又一個的子大陸。

聽起來像無稽之談，不是嗎？我的意思是，像大陸這麼巨大的東西可以移動數千英里，聽起來實在很荒謬——但我們現在知道它是千真萬確之事，更重要的是，我們了解大陸如何移動。

一億年前的世界 ▼　　　　　　　一億五千萬年前的世界 ▼

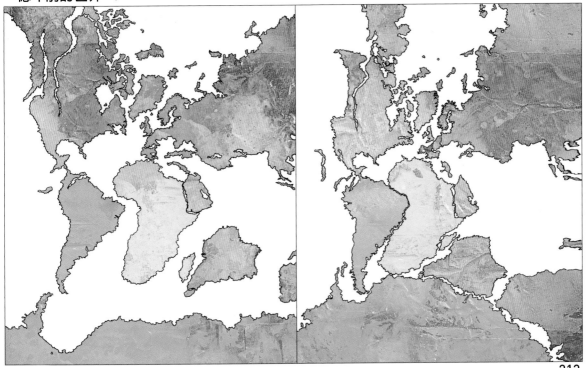

陸地如何移動

我們也知道大陸不只是遠離彼此。大陸有時也會彼此碰撞，當碰撞發生時，巨大的山脈受到擠壓，不斷地往上隆起。這就是喜馬拉雅山脈的成因：它是印度碰撞亞洲造成的。事實上，說印度碰撞亞洲並不完全正確。我們很快就會知道，碰撞亞洲的其實是更巨大的事物，我們稱之為「板塊」，印度就位於板塊上面。所有的大陸也都坐落在板塊上面。我們待會兒會回來討論這個主題，現在先讓我們思考「碰撞」以及大陸遠離彼此的問題。

當你聽到「碰撞」這個詞時，你可能會想到突然的撞擊，就像卡車撞上汽車一樣。這並非大陸碰撞的意義，過去不是，現在也不是。大陸的運動慢得讓人沉不住氣。有人說，大陸移動的速度大概跟指甲生長的速度一樣快。如果你坐著注視自己的指甲，你根本看不出來它在生長。然而如果你等待幾個星期，你會發現指甲確實長長了，而且你還需要剪指甲。同樣地，你看不出南美洲正在遠離非洲。但若等待個五千萬年，你會發現這兩塊大陸確實越離越遠。

「指甲生長的速度」是大陸移動的平均速度。不過指甲生長的速度是持續的，但大陸的移動卻經常是猛地拉扯，然後停頓個一百年左右，等壓力累積夠了，又再猛地拉扯，以此類推。

或許你已經開始想到地震是什麼？沒錯：地震就是我們感覺到大陸猛地拉扯。

我告訴你的是已知的事實，但我們是怎麼知道這件事的？我們最早發現這件事是在什麼時候？這是個吸引人的故事，接下來我將講述這個故事。

阿爾弗雷德・魏格納

過去有不少人注意到南美洲與非洲可以完美地拼接在一起，但他們想不通其中的原因。

大約一百年前，德國科學家阿爾弗雷德・魏格納（Alfred Wegener）提出了一個大膽見解。因爲實在太大膽，所以絕大多數的人都認爲他精神有點不正常。魏格納主張大陸就像巨大的船隻一樣會漂移。根據他的觀點，非洲、南美洲與其他巨大的南方陸塊原本結合在一起。之後這些大陸彼此分離，朝各自的方向在海上漂移。魏格納的想法受到人們的嘲笑。但現在證明魏格納是對的──或者說幾乎完全正確，當然，他絕對比那些嘲笑他的人正確。

現代的板塊構造理論已經獲得大量證據的支持，但與魏格納的觀念並不完全相同。魏格勒認爲非洲、南美洲、印度、馬達加斯加、南極洲與澳洲曾經結合成一塊大陸，而後分離，他的這項說法確然無疑。但這個過程是怎麼發生的，板塊構造理論的解釋與魏格納就有點出入。魏格納認爲大陸是在海中費力地前進，大陸不是漂浮在水上，而是漂浮在柔軟、熔化或半熔化的地殼層上。現代的板塊構造理論認爲整個地殼（包括海底）是板塊彼此連鎖結合而成的。（這裡的「板塊」指的是像「盔甲金屬板」那樣的東西，而非擺放食物的「餐盤」。）所以，移動的不是大陸：而是大陸坐落的板塊，地表上沒有任何一個地方不屬於板塊。

地球的主要板塊

北美洲板塊

胡安‧德富卡板塊

加勒比板塊

絕大多數板塊的大部分地區都位於海底。我們稱為大陸的陸塊其實是高於水面的板塊高地。非洲只是面積更大的非洲板塊的頂端部分，非洲板塊延伸橫跨了半個南大西洋。南美洲是南美洲板塊的頂端部分，南美洲板塊延伸橫跨了南大西洋的另一半。其他板塊有印度與澳洲板塊；歐亞板塊，由歐洲與除了印度以外全部的亞洲陸地構成；阿拉伯板塊是夾在歐亞板塊與非洲板塊當中的小板塊；北美板塊包括格陵蘭與北美洲，並且延伸涵蓋了北大西洋的半個海底。有些板塊幾乎沒有乾的陸地，舉例來說，廣大的太平洋板塊。

科科斯板塊

納斯卡板塊

南美洲板塊

太平洋板塊

斯科西亞板塊

南極洲板塊

216

歐亞板塊

阿拉伯板塊

印度板塊

菲律賓板塊

非洲板塊

澳洲板塊

你可以從這張圖看出，南美洲板塊與非洲板塊的分界就位在南大西洋的中央，離南美洲與非洲都非常遠。別忘了板塊包括海底，這意味著這裡全是堅硬的岩石。這樣的話，一億五千萬年前，南美洲與非洲何以能緊密結合在一起？對魏格納來說，這個問題難不倒他，因為他認為大陸可以漂移。然而，如果南美洲與非洲曾經緊密結合在一起，那麼板塊構造理論要如何解釋今日介於南美洲與非洲之間的海底堅硬岩石？難道海底的堅硬岩石板塊會長大嗎？

SOUTH AMERICAN PLATE
南美洲板塊

AFRICAN PLATE
非洲板塊

MID-ATLANTIC RIDGE
大西洋中洋脊

SOUTH
AMERICA
南美洲

SOUTH AMERICAN PLATE
← MOVING BELT
南美洲板塊輸送帶

海底擴張

　　是的，答案就是「海底擴張」。我們在大型機場看到電動平面扶梯，它可以長距離地運送攜帶行李的旅客，讓他們從航站入口直達出境室。旅客不需要一路步行，只要踏上輸送帶，就能前往某個定點，然後再下來繼續步行。機場的電動平面扶梯寬僅能容納兩人肩併肩站立。現在，想像有一條電動平面扶梯，它的寬有數千英里，從北極一路延伸到南極。然後，想像這條電動平面

扶梯的速度不同於以往，而是跟指甲生長的速度一樣。是的，你一定猜到了。南美洲與南美洲板塊就位在類似電動平面扶梯的事物上，它深處海底之中，從大西洋的極北延伸到極南，以非常緩慢的速度將南美洲與南美洲板塊運離非洲與非洲板塊。

　　非洲呢？非洲板塊為什麼不往相同的方向移動，為什麼它追不上南美洲板塊？答案是非

洲位在不同的電動平面扶梯上，而且是相反的方向。非洲的電動平面扶梯是由西向東，而南美洲的電動平面扶梯是由東向西。這樣的話，中間是怎麼一回事呢？下一次你到機場的時候，在踏上電動平面扶梯之前先停下來觀察它。扶梯是從地板一條狹窄的細縫跑出來，然後朝遠離你的方向移動。它是一條輸送帶，周而復始地環繞，在地板上向前行，在地板下朝你這個方向往回走。現在，想像另一條輸送帶，它從同一條細縫跑出來，卻往完全相反的方向走去。如果你一隻腳踏

著這條輸送帶，另一隻腳踏著另一條輸送帶，你會被迫做出劈腿的動作。

大西洋海底也有一條跟地板細縫意義相同的裂縫，它一路沿著深海海底從極南延伸到極北。這條裂縫我們稱為大西洋中洋脊。

這兩條「輸送帶」從大西洋中洋脊湧出後，各自往相反的方向行進，一條持續將南美洲運往西方，另一條則將非洲運往東方。與機場的輸送帶一樣，運送板塊的巨大輸送帶會周而復始地環繞，並且返回到地底深處。

SOUTH AMERICAN PLATE
← MOVING BELT
南美洲板塊輸送帶

AFRICAN PLATE
MOVING BELT →
非洲板塊輸送帶

MID-ATLANTIC RIDGE
大西洋中洋脊

熱對流

地函

下一次你到機場的時候，踏上電動扶梯，讓它運送你，你可以想像自己是非洲（或南美洲，全憑你的喜好）。當你抵達電動扶梯的末端時，走下扶梯，你會看到輸送帶潛入地下，準備返回你踏上扶梯的地方。

機場的輸送帶是用電動馬達帶動。運送地球巨大板塊以及板塊上的大陸貨物的輸送帶，是由什麼驅動它的呢？在地底深處，存在所謂的熱對流。熱對流是什麼？也許你的屋子使用的是電子式的對流暖房器。以下是對流暖房器的運作原理。暖房器加熱空氣。熱空氣上升，因為它比冷空氣的密度低（這是熱氣球上升的原因）。熱空氣上升，直到頂到天花板為止，此時熱空氣無法繼續上升，在新的熱空氣不斷由下往上推擠之下，熱空氣被迫往兩旁

熱對流

移動。當熱空氣往兩旁移動時，空氣逐漸冷卻，於是便開始下沉。當空氣落到地板時，它同樣往兩旁移動，而在沿地板移動的過程中，空氣不斷加熱，於是又開始上升。這個解釋也許太簡單，但基本的觀念就是如此：在理想的條件下，對流暖房器可以讓空氣周而復始地環繞——循環。這種循環就稱為「熱對流」。

水也會出現對流。事實上，對流可以發生在

任何液體或氣體中。但地底如何能產生熱對流？地底不是液體，對吧？其實就某方面來說，地底是一種液體。它不是像水一樣的液體，而是類似濃稠的蜂蜜或糖漿之類的半液體。這是因為地底的溫度很高，可以熔化一切事物。地底的熱來自於地底深處。地心的溫度非常高，直到接近地表時才逐漸降低。偶爾地底的熱會從地表的某處噴發，我們稱之為火山。

221

板塊由堅硬的岩石構成，如我們所見，大部分的板塊都位於海底。每個板塊均厚達數英里。這層如盔甲一般的厚重岩石層，我們稱為岩石圈。在岩石圈的下方，還有更厚的一層（如果你相信的話），這一層雖然實際上不叫糖漿層，但或許這麼叫才適當（這一層其實是上部地函）。岩石圈的堅硬岩石板塊就漂浮在這層糖漿圈上。

地底深處以及糖漿圈的高溫，導致糖漿的熱對流慢得令人惱火，但這個熱對流卻搬運著漂浮其上的巨大岩石板塊。

熱對流的路徑相當複雜。只要想想各種不同的洋流，乃至於風，風是高速進行的熱對流，就能了解地表上不同的板塊各自有著不同的行進方向，而非周而復始地環繞，就像單純的旋轉木

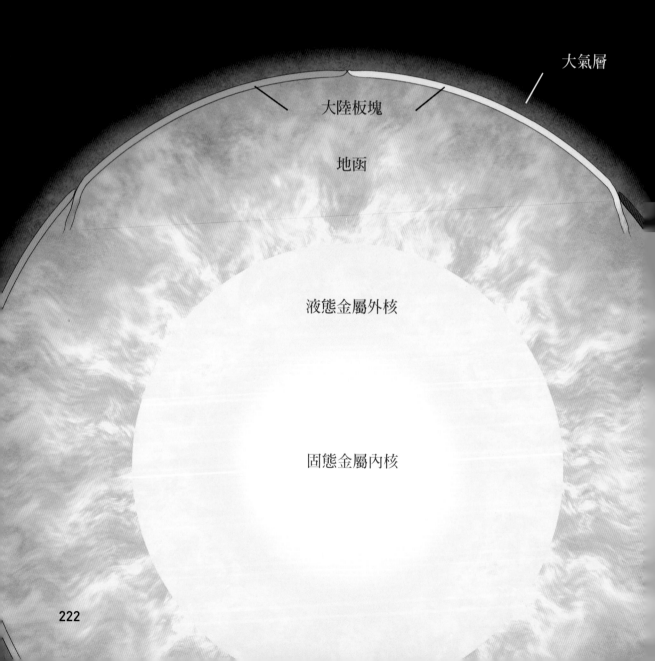

大氣層

大陸板塊

地函

液態金屬外核

固態金屬內核

馬一樣。也能夠了解板塊總是彼此碰撞撕裂，鑽入其他板塊下方或與其他板塊邊緣摩擦。無怪乎我們會把這股巨大的力量——粉碎、扭轉、轟隆巨響、破壞——稱為地震。像地震這麼恐怖的東西，真正的奇蹟在於它再怎麼恐怖也就是如此了。

有時候，移動的板塊會滑進鄰近板塊的下方，我們稱之為「隱沒」。舉例來說，有部分非洲板塊不斷隱沒到歐亞板塊之下。這是義大利出現地震的原因之一，同時也解釋了古羅馬時代維蘇威火山的噴發摧毀了龐貝城與赫庫拉尼烏姆（在板塊的邊緣地帶總是容易出現火山）。喜馬拉雅山脈，包括聖母峰，由於印度板塊隱沒到歐亞板塊之下的緣故，使得山脈的高度至今仍不斷增加。

我們一開始提到聖安德列亞斯斷層，所以就讓我們以這個話題結尾。聖安德列亞斯斷層是介於太平洋板塊與北美洲板塊之間一條長而筆直的「滑移」斷層。兩個板塊都往西北方移動，但太平洋板塊移動的速度較快。洛杉磯位於太平洋板塊而非北美洲板塊，它正持續地往舊金山前進，而舊金山絕大部分市區則位於北美洲板塊。人們總是預期這個地區會出現地震，而專家預測，未來十年內發生強震的可能性很高。所幸加州與海地不同，這裡有完善的設備可以協助地震的災民。

總有一天，洛杉磯會有部分地區成為舊金山的一部分。但那將是很久以後的事，我們當中沒有人能親眼見到此事發生。

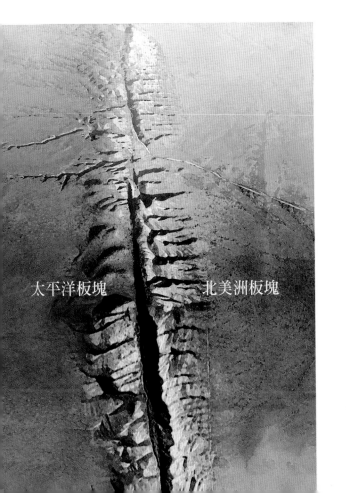

太平洋板塊　　　北美洲板塊

舊金山／洛杉磯？

11

WHY DO BAD THINGS HAPPEN?

壞事為什麼發生？在遭遇像地震或颶風這種可怕的災難之後，你會聽到人們這麼說：

「真是太不公平，那些可憐的人到底做了什麼要遭受這樣的命運？」

如果某個大善人得了痛苦的疾病而死去，而某個大壞蛋卻總是身強體壯，同樣地，我們會叫嚷說：

「不公平！」　　或者說：

「天理何在？」

壞事
為什麼
發生？

我們很難不產生這樣的看法，認為世上無論如何應該要有一種自然正義。好事應該發生在好人身上。壞事（如果非得要有壞事的話）應該只發生在壞人身上。在奧斯卡‧王爾德（Oscar Wilde）令人喜愛的劇作《不可兒戲》（*The Importance of Being Earnest*）中，一個上了年紀的女家庭教師，人們叫她普利斯姆小姐（Miss Prism），她解釋自己在很久之前怎麼寫出一部小說。當被問到小說的結尾是否皆大歡喜時，她

回答說：「好人的結局是幸福的，壞人的結局是悲慘的。這就是小說的意義。」真實生活與小說不同。壞事確實會發生，不僅降臨在壞人身上，連好人也會遭殃。為什麼？為什麼真實生活不像普利斯姆小姐的小說？為什麼壞事會發生？

許多民族相信他們的神原本想創造一個完美的世界，只是不幸地，中間出了差錯──至於是什麼地方出了差錯，有多少不同的民族，就有多少不同的說法。西非的多貢人（Dogon tribe）相信世界開始的時候有一顆宇宙蛋，從裡面會孵出一對雙胞胎。如果這對雙胞胎同時孵化，那麼一切都會非常順利。可惜的是，其中一個太早孵化，因此破壞了神的完美計畫。多貢人認為，這就是出現壞事的原因。

225

有許多傳說提到死亡如何來到這個世界。非洲各地不同的部落相信變色龍得知永生的消息並且負責將這項消息傳達給人類知道。可惜的是，變色龍走路的速度很慢（確實如此，這我很清楚：我小時候住在非洲，養過一隻變色龍當寵物，並且幫牠取名為胡卡里亞〔Hookariah〕），因此由比較敏捷的蜥蜴（在其他版本的傳說裡，會換成其他速度同樣很快的動物）傳達的死亡訊息比較早到達。西非的傳說提到生命的訊息由緩慢的蟾蜍負責傳達，不幸的是，牠被負責傳達死亡訊息的狗兒趕過去了。我必須說，我不大懂為什麼需要那麼在意**傳達消息的命令**。壞消息就是壞消息，不管什麼時候到達都一樣。

疾病是一種特殊的壞事，光是疾病本身便產生許多神話。理由之一是長久以來疾病一直相當神祕。除了疾病外，我們的祖先還必須面對其他危險——獅子、劍齒虎、敵對的部落、饑餓的威脅——但你可以看到這些危險逼近，而且了解這些危險。相反地，天花、黑死病、瘧疾不知從何處突然冒出來，而且人類也沒有顯而易見的方式來防止這些疾病。疾病是令人恐懼的神祕之物。疾病來自何處？我們到底做了什麼而要遭受痛苦的死亡、惱人的牙痛或醜陋的斑點？無怪乎當人們急欲了解疾病，乃至於想保護自己時，總是會訴諸迷信。直到今日，許多非洲部落只要遇到有人生病或孩子不舒服，都自然而然把矛頭指向邪惡的巫師或女巫。如果孩子發高燒，那一定是敵人找了巫醫對我的孩子下符咒。或者是因為我在她出生時無力獻上一頭山羊來供奉神明。或者也可能是因為有一隻綠色毛毛蟲在我走路時橫在我

的面前，而我忘了吐口水驅走惡靈。

　　在古希臘，染病的朝聖者會在治療與醫藥之神阿斯克里皮俄斯（Asclepius）的神廟過夜。他們相信神會直接治癒他們，或在夢裡告訴他們治療的方法。時至今日，仍有數量驚人的病人旅行到魯爾德（Lourdes）這樣的地方求治，他們會跳進這裡的聖池，希望聖水能治癒他們（事實上，我很懷疑這麼做反而會讓他們染上其他患

者的疾病，畢竟大家全泡在同一座池子裡）。一百四十年來，已經有兩億多人來魯爾德朝聖治病。其實大多數人得的並不是什麼嚴重的病，感謝老天，這些人的病情似乎都好轉了——其實無論他們做什麼，有沒有來朝聖，身上那些小病也會自己好起來。

希波克拉底（Hippocrates）——古希臘「醫學之父」，他的名字被冠在醫師誓詞上——認為地震是疾病的重要成因。在中世紀，許多人相信疾病是行星的運行與背景的恆星相逆導致的。這種信仰系統又稱為占星學，雖然荒謬，但至今還是擁有不少信徒。

有一則健康與疾病的神話流傳得最久，從西元前五世紀一直持續到十八世紀，這則神話就是四「體液」（humours）說。當我們說「他今天心情（humour）不錯」時，這句話其實就是從四體液說來的，只是我們已經不相信它背後的概念。四體液分別是黑膽汁、黃膽汁、血液與黏液。身體是否健康取決於體液之間是否獲得「平衡」，現在我們有時還是會遇到一些江湖郎中對你揮手，他宣稱可以「平衡」你的「能量」或你的「脈輪」（chakras）。

四體液說顯然無法幫助醫師治病，而它也不會造成什麼傷害，但這項學說日後卻衍生出一

種有害病人的療法：放血。從事這種療法要以柳葉刀這種銳利的工具劃開血管，放出一定份量的血，並且將血盛裝在專用的盆裡。顯然這種做法只會讓可憐的病人病得更重（美國華盛頓總統就是這麼死的），但過去的醫師對於古老的體液神話深信不疑，因此反覆施行這種療法。更有甚者，有些人不只生病時放血，他們會為了預防疾病而要求醫師為他放血。

我記得小學的時候，老師問大家疾病是怎麼發生的。有個男同學舉手回答說，因為「原罪」！即使到了今日，還是有許多人認為壞事的出現跟原罪有關。有些神話提到，世上之所以有壞事是因為我們的祖先在很久以前幹了邪惡的事。我曾提過猶太神話裡的人類始祖亞當與夏娃。你應該還記得亞當與夏娃僅僅幹了一件恐怖的事：他們在蛇的勸誘下偷吃禁

果。這項神話罪名不斷在人類各個時期迴盪著，至今還有人認為這是世上出現壞事的主因。

有許多神話提到善神與惡神的鬥爭。惡神造成世間一切壞事。也許所謂的惡神只有一個，那就是魔鬼撒旦，他與上帝爭鬥不休。如果沒有魔鬼和上帝、惡神與善神的對抗，那麼壞事或許就不會發生。

壞事究竟為什麼發生？

事情為什麼發生？這是個難以回答的複雜問題，但卻比「**壞事為什麼發生？**」這種問題合理得多。除非壞事的發生機率確實高於我們的預期，或者我們認為應該有一種自然正義，使壞事只發生在壞人身上，否則我們沒有理由特別關心壞事。

壞事的發生機率是否高於我們的預期？若真是如此，那麼我們真的有必要加以解釋。你也許聽過人們開玩笑地提到「莫非定律」（Murphy's Law），有時又稱為「倒楣鬼定律」（Sod's Law）。這項定律提到：「如果抹了果醬的吐司掉到地上，通常有果醬的那一面會沾到地板。」或者是更常聽到的說法：「如果事情可能出錯，那麼就會出錯。」人們經常開這種玩笑，但有時你會覺得大家說得挺認真的。有人真的覺得這個世界在跟他作對。

我曾經參與電視紀錄片的拍攝，在拍攝「外景」時往往不希望聽到噪音。當遠方有飛機掠過時，你必須停止拍攝等飛機飛過，而這往往令人光火。在拍攝幾世紀前的古裝戲時，只要稍有一點飛機的聲音就會毀了整齣戲。拍攝人員總是迷信，他們認為飛機會故意挑在最重要的無聲時刻飛過他們的頭頂，他們說這是倒楣鬼定律。

最近，我合作的一名拍攝人員選了一處拍攝地點，這是位於牛津附近的一片巨大遼闊的草地，他確信這裡的雜音最少。我們一大早就來到此地確認聲音的狀況，當我們抵達時，卻發現有個蘇格蘭人正在練習吹奏風笛（或許是因為他太太不讓他在家裡吹奏）。「倒楣鬼定律！」我們異口同聲地說。當然，噪音其實一直都存在，但我們只會在自己被惹惱的時候才

注意到它，舉例來說，妨礙我們拍攝的時候。我們特別會注意令我們不悅的事物，這種偏誤使我們以為全世界都故意惹我們生氣。

　　以吐司的例子來說，抹了果醬那一面總是會沾到地上，這一點其實沒什麼好驚訝的，因為桌子的高度並不高，當抹了果醬的吐司從桌上掉下來時，時間大概只能讓它轉個半圈就會落地。吐司的例子只是一種生動的說法，用來表達陰沉的觀念：

「如果事情可能出錯，那麼就會出錯。」

或許下面這個例子更能表達倒楣鬼定律：「當你擲銅板時，你越想得到正面，越可能出現反面。」

　　這至少是個悲觀的觀點。有些樂觀的人認為，你越想得到正面，就越可能出現正面。或許我們可以把這種想法稱為「波莉安娜定律」（Pollyanna's Law）──樂觀地相信事情通常會變好。或者稱為「潘格羅斯定律」（Pangloss's Law），以偉大的法國作家伏爾泰（Voltaire）書中的角色命名。他的「潘格羅斯博士」認為，「在這個所有可能的世界中最好的世界裡，一切均是為最好而設。」

　　經過一番說明之後，你應該很快就能看出倒楣鬼定律與波莉安娜定律完全是鬼扯。銅板與吐司不可能知道你的想法，它們也不可能妨害或支持你的想法。此外，對某人是壞事的事，對其他人可能是好事。參加比賽的網球選手也許都努力祈求勝利，但終究有人得輸！我們沒有特殊的理由問：「壞事為什麼發生？」或者，「好事為什麼發生？」真正的問題其實是更一般性的問題：「**事情**為什麼發生？」

運氣、機率與原因

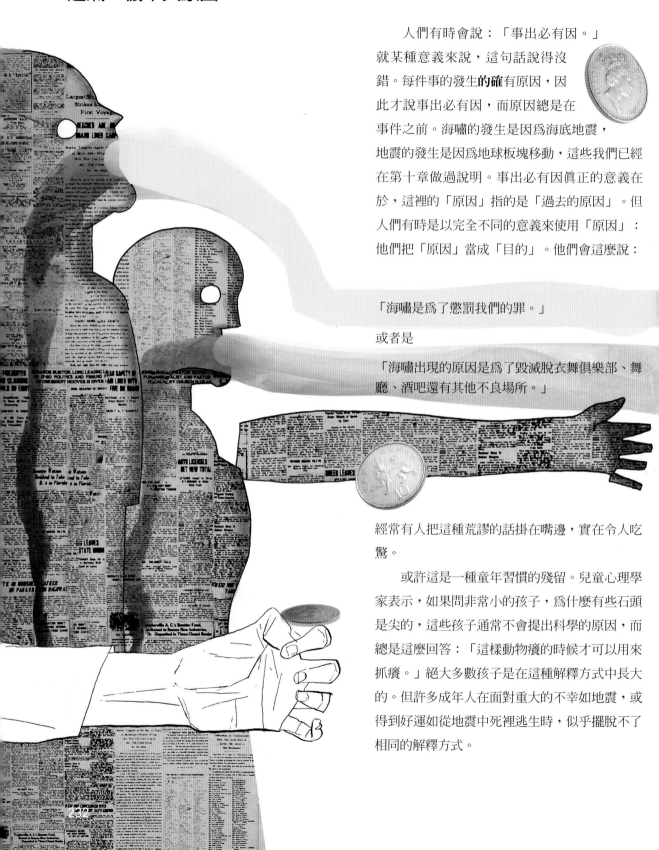

人們有時會說：「事出必有因。」就某種意義來說，這句話說得沒錯。每件事的發生**的確**有原因，因此才說事出必有因，而原因總是在事件之前。海嘯的發生是因為海底地震，地震的發生是因為地球板塊移動，這些我們已經在第十章做過說明。事出必有因真正的意義在於，這裡的「原因」指的是「過去的原因」。但人們有時是以完全不同的意義來使用「原因」：他們把「原因」當成「目的」。他們會這麼說：

「海嘯是為了懲罰我們的罪。」

或者是

「海嘯出現的原因是為了毀滅脫衣舞俱樂部、舞廳、酒吧還有其他不良場所。」

經常有人把這種荒謬的話掛在嘴邊，實在令人吃驚。

或許這是一種童年習慣的殘留。兒童心理學家表示，如果問非常小的孩子，為什麼有些石頭是尖的，這些孩子通常不會提出科學的原因，而總是這麼回答：「這樣動物癢的時候才可以用來抓癢。」絕大多數孩子是在這種解釋方式中長大的。但許多成年人在面對重大的不幸如地震，或得到好運如從地震中死裡逃生時，似乎擺脫不了相同的解釋方式。

「厄運」呢？有厄運這種東西嗎？或者說，有好運這種東西嗎？是否有些人的運氣就是特別好？人們有時會提到禍不單行，或者說：「我最近遇到不少倒楣事，接下來也該走好運了吧。」或者說：「某某人衰星高照，什麼事到她手裡就會變成壞事。」

「接下來也該走好運了吧」，這句話顯示出許多人對「平均律」存有誤解。在板球比賽中，哪一隊先攻經常對比賽結果有重大影響。兩隊隊長擲銅板決定誰取得優勢，而兩隊的支持者非常希望他們的隊長能在擲銅板中獲勝。印度與斯里蘭卡最近有一場比賽，在比賽開始之前，雅虎的網頁貼出一個問題：

「唐尼〔印度隊隊長〕能再次幸運擲贏嗎？」

他們從收到的答案中票選出〔我搞不清楚他們是怎麼選出來的〕「最佳解答」：

「我堅信平均律，所以我打賭桑加庫拉〔斯里蘭卡隊隊長〕這回會幸運擲贏。」

聽到了吧，這簡直是蠢話。在先前一連串的比賽中，唐尼每次都擲贏。銅板應該是公正的。所以這個被曲解的「平均律」應該讓至今一直非

常幸運的唐尼輸掉擲銅板，這樣才能**恢復平衡**。換句話說，現在也該**輪到**桑加庫拉贏得擲銅板了吧。如果唐尼又**擲贏**，那就太**不公平**了。但現實是，不管唐尼之前贏了多少次，他這次贏的機會**同樣是**百分之五十。「該誰贏」與「公平」跟這件事毫無關係。**我們**也許關心公不公平的問題，但銅板才不管這些！宇宙也不會在乎這種問題。

事實上，如果你連擲銅板一千次，結果可能接近五百次正面與五百次反面。但假設你連擲銅板九百九十九次，而且到目前為止全都是正面，那麼最後一次你會賭出現什麼結果？根據一般人曲解的「平均律」，你應該賭出現反面，因為**也該輪到**反面了，而且如果又出現正面，那就太**不公平**了。但我會賭出現正面，如果你夠聰明的話，你也會這麼做。連續九百九十九次出現正面，顯示有人在銅板上動了手腳，要不然就是有人精通擲銅板的手法。曲解的「平均律」會讓許多賭徒輸光所有家當。

沒錯，你可以後見之明地說：「桑加庫拉運氣很不好，他擲銅板又輸了，而這表示印度隊可以在理想的場地上擊球，這有助於他們取得高分。」這麼說沒有什麼不對。你說的是擲銅板贏了對比賽的勝負確實有影響，因此不管是誰擲贏，他都是非常幸運的人。你不應該說的是，因為唐尼過去在許多比賽擲贏，所以這一次應該輪到桑加庫拉擲贏！而你也不應該說這樣的話：「唐尼恰好是一名優秀的板球員，但我們選他當隊長的真正原因，是他在擲銅板上面運氣很好。」擲銅板的運氣並不是一個人能擁有的特質。你可以說一名板球員善於打擊或善於投球，但你不能說他擁有擲銅板的運氣或沒有擲銅板的運氣！

基於相同的理由，認為在脖子上套上幸運符或者在背後交叉自己的手指可以增加運氣，這完全是鬼扯。這些動作不會影響即將發生的事，它唯一影響的是你的感受：它可以給予你額外的信心，讓你在網球場上發球時保持冷靜。這些行為與運氣無關，它純粹是心理作用。

確實有人被說成是「容易碰上意外」（accident prone）。如果這是用來形容一個人「手腳不靈光」或特別容易出事（換句話說就是遭遇不幸），那麼倒也還算貼切。

如果你想知道「容易碰上意外」的有趣例子，可以看看爆笑片《粉紅豹》（*The Pink Panther*），彼得·謝勒（Peter Sellers）在片中飾演克魯梭探長（Inspector Clouseau）。克魯梭探長一直遇到難堪而可笑的意外，然而這是因為他的手腳笨拙，而不是因為他的運氣「很背」，但有些人提到「容易碰上意外」這個詞時，心裡面想的卻是運氣不好。

（順帶一提，要看就看最早的電影《粉紅豹》，不要看後頭一連串拙劣的續集，例如《粉紅豹之子》〔*Son of Pink Panther*〕、《粉紅豹的復仇》〔*The Pink Panther's Revenge*〕等等。）

235

波莉安娜與偏執

我們已經了解，壞事跟好事一樣，它們的發生完全是機率問題。宇宙沒有心靈，沒有情感，也沒有人格，所以宇宙不會為了傷害或取悅你而做任何事。壞事發生只是因為**事情**發生。無論這些事情在我們眼中是好是壞，都不會影響它們發生的可能。有些人很難接受這種說法。他們相信善有善報，惡有惡報。可惜的是，宇宙並不在乎人類喜歡什麼。

說了這麼多，現在我要暫時停下來思索一個問題。說來好笑，我必須坦承世上的確存在著某種類似倒楣鬼定律的東西。雖然天氣或地震並未針對你而發生（因為它們不在乎你，無論從哪個角度來看），但當我們把目光轉向生物界時，情況就略有不同。如果你是兔子，則狐狸會想辦法抓到你。如果你是鰷魚，則梭魚會緊追你不放。我這裡的重點不是指狐狸或梭魚會思索，雖然牠們的確可以。此外，我會很樂意告訴你，病毒不斷找機會要入侵你的身

體，不過沒有人會相信病毒能夠思索。天擇的演化安排了這一切，它使病毒、狐狸與梭魚積極地對受害者造成傷害——彷彿牠們是存心這麼做——但這種方式卻不能用來形容地震、颶風或山崩。地震與颶風對受害者造成傷害，但它們並未積極地去做壞事：它們不會積極地去做任何事，它們只是發生。

天擇，達爾文稱為生存競爭，它意味著每個生物都有努力想毀滅牠的敵人。有時候，天敵使用的詭計看起來像是經過精心策劃。舉例來說，蜘蛛網是一種精巧的陷阱，可以讓昆蟲不知不覺地陷入羅網。一種名叫蟻獅的小蟲挖掘陷阱使獵物掉落其中。蟻獅窩在自己挖掘的圓錐狀坑洞底部，並且用沙子將自己掩蓋起來，只要有螞蟻跌入坑內，牠就馬上抓住螞蟻。沒有人說蜘蛛或蟻獅很聰明，或說牠們「想出了」這些騙人的陷阱。是天擇使牠們演化出能做出這種行為的腦子，使牠們「看起來」很聰明。同樣地，獅子的軀體看起來像經過精心設計，特別有利於獵捕羚羊與斑馬。我們可以想像，

如果你是羚羊，懂得跟蹤、追逐與跳躍的獅子很可能會想盡辦法將你吞吃下肚。

我們不難發現，掠食者（獵食其他動物的動物）想毀滅牠們的獵物。但另一方面，獵物也想毀滅掠食者，牠們盡其所能地避免被吃。如果所有的獵物都能逃過掠食者的獵捕，那麼掠食者將會餓死。寄生生物與牠們的宿主也是如此。就連相同物種的成員也存在這類競爭，無論是顯而易見的還是潛在的。如果生存的條件很輕鬆，那麼天擇會讓敵對的生物進一步演化，無論牠們是掠食者、獵物、寄生生物、宿主還是同物種的競爭者：生物的演化使生存再次變得艱難。地震與龍捲風讓人避之唯恐不及，它們甚至也可以稱為敵人，只不過地震與龍捲風不會「主動獵捕你」，它們不像掠食者與寄生生物一樣可以適用「倒楣鬼定律」。

這種現象使得野生動物（如羚羊）產生了某種心態。如果你是一頭羚羊，你看到茂密的草叢發出沙沙的聲響，也許是風吹造成的。若是如此就沒什麼好擔心的，因為風不會獵捕你：風完全無視於你是什麼。但茂密的草叢發出的沙沙聲也有可能是一頭盯著你的豹，而豹毫無疑問一定會獵捕你：對豹來說，你的肉美味極了，而這頭豹的祖先也因為善於獵捕羚羊而受到天擇的眷顧。因此，羚羊、兔子、鱒魚與其他許多動物都必須隨時保持警戒。這個世界充滿危險的掠食者，因此最安全的做法就是假設倒楣鬼定律確實存在。用達爾文的話講，亦即用天擇的語言來說，就是凡是把倒楣鬼定律視為真實並且依此行動的個別動物，要比那些依循波莉安娜定律行事的個別動物更有機會存活與繁衍後代。

我們的祖先長期逃避獅子、鱷魚、巨蟒與劍

齒虎的獵捕，因此使每個人養成懷疑世界的態度（有些人說這是一種偏執）。人會從草叢的沙沙聲與樹枝折斷的聲音看出可能的威脅，推斷可能有東西要獵捕他，或是有東西計畫要殺他。如果你把「計畫」這個詞想成是「精心策劃」的話，那麼顯然是一種誤解。我們其實可以簡單地用天擇的角度來詮釋「計畫」這個詞：「這個世界充滿著敵人，在天擇形塑下，這些敵人看起來像是有計畫地要殺害我。世界不是中立的，亦非無視於我的存在。相反地，世界要毀滅我。倒楣鬼定律可能確有其事，也可能只是幻想，但把它視為真實並且依照它來行事，要比依循波莉安娜定律來得安全。」

或許這是為什麼時至今日還是有許多人存有迷信，相信世界要毀滅他們。當這種想法太嚴重時，我們稱這些人為「偏執狂」。

疾病與演化

我說過，想毀滅我們的不只是掠食者。寄生生物是比較隱晦的威脅，但牠們帶來的危險亦不容小覷。寄生生物包括條蟲與吸蟲、細菌與病毒，這些寄生生物以我們的身體爲食以維持生命。掠食者，例如獅子，也以動物的身體爲食，但掠食者與寄生生物的區別通常相當清楚。寄生生物是以仍活著的受害者爲食（雖然牠們最後還是會害死受害者），而且牠們通常比受害者小得多。掠食者的體型通常比受害者大得多（如貓比老鼠來得大），而就算體型比較小，也只是略小一點（如獅子的體型比斑馬小）。掠食者當場殺死牠們的獵物然後吃了牠們。寄生生物吃掉受害者的速度較爲緩慢，受害者可以存活很長一段時間。而就在受害者活著的這段時間，寄生生物也在受害者的體內持續啃咬侵蝕。

寄生生物發動攻擊時通常數量十分龐大，我們的身體因流行性感冒或感冒病毒而遭受嚴重感染時就是一例。有些寄生生物微小到肉眼無法觀察，這種寄生生物又叫「微生物」（germs），但這個詞其實不夠精確。微生物包括病毒，病毒其實非常非常微小；細菌比病毒大，但仍相當微小（有些病毒可以寄生在細菌上）；其他的單細胞有機體如瘧原蟲，它比細菌大得多，但還是得靠顯微鏡才能觀察。從日常語言中找不到一般性的名稱來指稱這些大型單細胞寄生生物。有些單細胞寄生生物可以稱爲「原生動物」（protozoa），但這個名稱已有點過時。其他重要的寄生生物包括真菌，例如癬與香港腳（像蘑菇與毒蕈這些巨大的東西使人誤以爲真菌都長得這副模樣）。

細菌引發的疾病，例如結核病、某些種類的肺炎、百日咳、霍亂、白喉、痲瘋病、猩紅熱、癤與斑疹傷寒。病毒引起的疾病，包括麻疹、水痘、腮腺炎、天花、皰疹、狂犬病、小兒麻痺症、德國麻疹、各種流行性感冒以及一般的感冒。瘧疾、變形蟲赤痢與昏睡症都是由「原生動物」導致的疾病。其他重要的寄生生物，這些生物的體型更大了些——大到可以用肉眼觀察——牠們是各種的寄生蟲，包括扁蟲、蛔蟲與吸蟲。我小的時候生活在農場上，經常發現死亡的動物

哈一啾！

ah-CHOW!

屍體，如鼬鼠與鼴鼠。我當時正在學習生物學，我很喜歡解剖自己發現的這些小屍體。最讓我印象深刻的是這些屍體爬滿到處蠕動的小蟲（蛔蟲，技術上來說要稱為線蟲）。我們在學校解剖的家鼠與家兔從未出現過這種現象。

身體具有非常精巧與有效的自然防衛系統以對抗寄生生物的入侵，這種系統叫做免疫系統。免疫系統是極其複雜的事物，可能需要一整本書才能說個明白。簡單地說，當免疫系統感應到危險的寄生生物時，身體會動員起來生產特殊的細胞，這些細胞就像軍隊一樣由血液運送到前線作戰，而這些細胞都是經過量身訂作，專門用來攻擊特定的寄生生物。通常免疫系統會獲勝，身體會慢慢恢復。此後，免疫系統便「記住」了為了從事這場戰爭所發展的分子裝備，以後如果相同種類的寄生生物再度進犯，免疫系統就能立刻擊退牠們，完全不會影響到身體。這是為什麼一旦你得過麻疹、腮腺炎或水痘，你就不會再得第二次。因此，人們認為讓孩子得腮腺炎是個不錯的做法，因為免疫系統的「記憶」可以保護他們在

成年後不再罹患腮腺炎，而腮腺炎對成人的影響（尤其男性，因為腮腺炎會攻擊睪丸）遠大於兒童。疫苗接種跟這種想法很類似，但是方法更為巧妙。醫生注射到你體內的不是疾病本身，而是比較微弱的疾病或者是死亡的微生物，如此既可刺激免疫系統，又能免去直接注射疾病的風險。比較微弱的疾病要比真實的疾病容易對付：事實上，你的身體通常不會感受到任何變化。但免疫系統確實「記住」了死亡的微生物或溫和的疾病感染，因此能預先進行武裝，如果未來真實的疾病真的入侵，就可以馬上還擊。

免疫系統負有一項艱難的任務，那就是「判斷」什麼是「異物」並加以打擊（「可疑的」寄生生物），以及什麼是身體的一部分而加以接受。這項任務在女性懷孕期變得相當微妙。在母親體內的胎兒是「異物」（胎兒的基因與母親不完全相同，因為有一半來自於父親）。但免疫系統不能攻擊胎兒，這一點相當重要。當哺乳類動物的祖先演化出懷孕的功能時，這個困難的問題顯然必須加以解決。而問題終究是解決了，因為

胎兒都能在子宮裡停留夠長的時間而順利出生。儘管如此，我們仍有許多流產的例子，這或許說明了演化在解決這個問題上經歷了一段艱困的時期，而解決的方法仍不完全。即使到了今日，許多胎兒必須在醫生從旁照顧下才能順利存活——在一些極端的例子裡，免疫系統會過度反應，導致胎兒一出生就必須完全換血。

此外，免疫系統也有出錯的時候，它會對於它認為的「攻擊者」進行過度猛烈的反擊。這就是過敏症：免疫系統毫無必要地、徒勞地乃至於破壞性地攻擊無害的事物。舉例來說，空氣中的花粉正常來說是無害的，但有些人的免疫系統會過度反應，此時你得到的過敏反應便稱為「花粉症」：你會打噴嚏與流眼淚，非常不舒服。有些人對貓或狗過敏：他們的免疫系統對於動物毛髮與毛髮上無害的分子過度反應。過敏症有時非常危險。少數人對花生極為敏感，只要吃一顆花生就能要了他們的命。

有時候過度反應的免疫系統會嚴重到使一個人對自己過敏！這導致所謂的自體免疫疾病（auto-immune diseases，autos是希臘文「自身」的意思）。這種疾病的例子有禿頭（頭上某些區域的頭皮開始掉髮，因為身體攻擊自己的毛囊）與牛皮癬（過度反應的免疫系統使皮膚長出一塊塊粉紅鱗狀的東西）。

免疫系統有時會過度反應，這一點並不令人意外，因為在該攻擊卻未攻擊與不該攻擊卻攻擊之間，界線其實相當微妙，很容易造成免疫系統的誤判。這就好像我們先前提到的，羚羊看到茂密的草叢發出沙沙的聲響，牠必須判斷是否應該逃走。那是豹嗎？還是無害的一陣風吹過草叢？這是危險的細菌，還是無害的花粉顆粒？我不得不感到納悶，免疫系統過度反應的人，他們付出了過敏症乃至於自體免疫疾病的代價，但這些人是否比較不容易罹患某些病毒與其他寄生生物引發的疾病。

我們經常會遭遇這類「平衡」問題。我們有可能太「風險趨避」——太神經質，把草叢的任何聲響都視為危險，或者對無害的花生或身體自身的組織釋放大量免疫反應。我們也可能太狂熱，未能對非常明確的危險做出反應，或者明明發現具危險性的寄生生物，卻未能啟動免疫反

一小滴黏液

242

免疫系統如何成功擊退流感病毒的攻擊
（右圖）

上方組圖顯示流感病毒的攻擊成功
流感病毒接近細胞（1）。病毒鑰匙與細胞鎖孔相符（細胞表面受體）（2），於是病毒得以進入細胞之中（3），並且在裡面進行複製。最後（4），數百個複製的病毒衝出受感染的細胞。

下方組圖顯示免疫系統擊退流感病毒的攻擊
免疫系統的T細胞接近病毒（1）並且依附在上面（2）。現在病毒鑰匙已無法與細胞鎖孔相符（2），因此病毒無法進入細胞。

應。要遵守界線非常困難，而一旦越界，無論是哪個方向，都必須付出代價。

癌症是發生的壞事裡一個特殊的例子：詭異但非常重要。癌症是我們體內的一群細胞，這些細胞不再進行它們在體內應該進行的工作，反而變成寄生性的細胞。癌細胞通常會聚集起來形成「腫瘤」，腫瘤寄生在身體的某些部位上，而且不受控制地增生。最糟的癌症會散布到身體的其他部位（稱為轉移），最後奪走人的性命。這種類型的腫瘤稱為惡性腫瘤。

癌症危險的原因在於，癌細胞是直接從身體本身的細胞衍生出來的。它們是我們自己的細胞，只是出現些微的改變。這表示免疫系統很難認出它們是異物。此外，這也表示我們很難找出殺死癌細胞的治療方法，因為你可以想得到的療法──舉例來說，殺死癌細胞的毒藥──也可能殺死我們自己的健康細胞。殺死細菌細胞比殺死癌細胞簡單多了，因為細菌細胞與我們的細胞不同。能殺死細菌細胞而不影響我們自己的細胞的毒藥，我們稱為抗生素。化學療法可以毒死癌細胞，但也會毒死我們體內其餘的細胞，因為這兩種細胞非常類似。如果你使用過量的毒藥，你可能還沒殺死癌細胞，就先把可憐的病人給害死了。

我們又遇到相同的問題，如何在攻擊真正的敵人（癌細胞）與不攻擊朋友（我們自己的正常細胞）之間取得一個平衡點：也就是茂密草叢裡是否躲著豹的問題。

讓我提出某種猜想來結束這一章。自體免疫疾病有沒有可能是對抗癌症的這場演化戰爭（從祖先到現在，經歷了許多世代）的副產品？免疫系統打贏了許多場對抗前癌細胞的戰爭，在這些細胞有機會完全變成惡性之前就成功予以壓制。我想，免疫系統在持續警戒前癌細胞時，有時會過度反應而對無害的組織進行攻擊，進而波及身體自身的細胞──我們把這種現象稱為自體免疫疾病。我們可不可以將自體免疫疾病解釋成是身體正在演化著有效對抗癌症的武器的一個證據呢？

你認為呢？

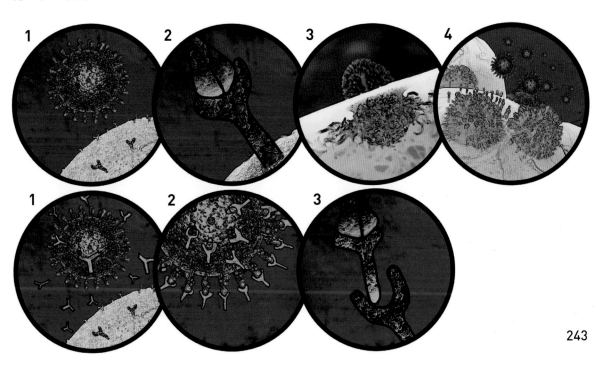

什麼是奇蹟？

在第一章，我談到魔力，並且將超自然魔力（念咒使青蛙變王子，或摩擦神燈召喚出精靈）與魔術把戲（幻覺，例如把絲質手帕變成兔子，或把女人鋸成兩半）區別開來。如今已沒有人相信童話裡的魔法巫術。每個人都知道南瓜變成馬車是《仙履奇緣》（Cinderella）才有的事，而看起來空空如也的帽子可以掏出兔子，其實也只是戲法騙術。儘管如此，仍有一些超自然故事受到人們認真看待，而這些故事講述的「事件」通常被視為奇蹟。本章將討論這些奇蹟——許多人仍信以為真的超自然故事，不同於童話的符咒（已無人相信），也不同於魔術把戲（看起來神奇，但我們都知道是假的）。

在這些故事中，有些是鬼故事，有些是令人毛骨悚然的都市傳說，還有一些是不可思議的巧合——例如，「我夢見一個名人，我已經有好幾年沒想到這個人。而就在第二天早上，我才知道他昨天夜裡死了。」此外，還有更多的故事來自於世界各地數百種宗教，這些故事通常會稱為奇蹟。我只要舉一個例子，傳說提到，大約兩千年前，一個名叫耶穌的流浪猶太傳教士參加了一場婚禮。婚禮中酒喝完了，於是耶穌要來了一些水，用神奇的力量把水變成酒——非常好的酒，故事隨後這麼告訴我們。嘲笑南瓜能變成馬車的人，與心知肚明絲質手帕絕不可能變成兔子的人，全欣然相信先知能把水變成酒或（其他宗教的信徒說的）先知乘著有翅膀的馬飛向天堂的故事。

傳言、巧合與像雪球般越滾越大的故事

通常當我們聽到一則奇蹟故事時,這則故事都不是來自目擊者的陳述,而是某人從別人那裡聽來的,而那人又是從別處聽來的某人那裡聽來的,再往前則是從某人太太的朋友的遠親那裡聽來的⋯⋯任何故事只要口耳相傳到一定程度,就會被搞得一團亂。故事最初的來源通常本身就只是傳言,除了年代久遠,反覆的重述也已扭曲原來的內容,幾乎不可能猜出眞實事件(如果有的話)的原貌。

幾乎所有名人、英雄或惡棍死了之後,一些在他們生前見過他們的人就開始將他們的故事迅速地傳布到世界各地。艾維斯・普雷斯利(Elvis Presley)、瑪麗蓮・夢露(Marilyn Monroe)乃至於阿道夫・希特勒(Adolf Hitler)都是如此。我們不了解爲什麼人們喜歡在聽到這些故事之後,又繼續傳播這些謠言,我們只知道他們會不斷傳播下去,這便是謠言四處蔓延的主要原因。

以下是最近發生的一個例子,可以說明謠言是怎麼開始的。流行歌手麥可・傑克森

（Michael Jackson）於二〇〇九年去世後不久，一組美國電視工作人員獲准到麥可著名的夢幻莊園（Neverland）參加導覽。在完成的影片的某個場景裡，人們認為他們看到麥可的鬼魂出現在長廊的末端。我看了影片，但我覺得難以置信：然而這已足以讓謠言滿天飛。麥可的鬼魂是真是假都還沒確定，就已經出現一堆宣稱看到麥可鬼魂的人。舉例來說，上一頁是一名男子拍下他車子光滑表面的照片。對你我而言，尤其當我們比較「臉孔」與另一邊的雲時，我們看到的顯然是雲的倒影。但對於忠誠粉絲的狂熱想像來說，它只可能是麥可的鬼魂，而且在YouTube上的照片點閱率已經超過一千五百萬次！

其實，這裡有一個地方相當有趣，值得一提。人類是社會的動物，所以人類的腦子似乎先天帶有一種傾向，很容易注意到其他人類的臉孔，即使實際上並不存在任何人。這是為什麼人們經常會把隨機的雲朵形狀、吐司切面或牆壁斑駁潮濕的圖案想像成人的臉孔。

　　令人背脊發涼的鬼故事講起來樂趣十足，如
果這些鬼故事真的很嚇人，那麼說起來當然更來
勁了，如果你又宣稱這些故事全是真的，那更是
樂趣加倍。八歲那年，我們家暫住在一間名叫杜
鵑的屋子裡，這間屋子大約有四百年的歷史，都
鐸時代留下來的黑色橫樑還搖搖晃晃的。不意外
地，這間屋子有個傳說，提到有個死了很久的教
士被隱藏在一條祕道裡。故事提到你可以聽見他
爬樓梯的腳步聲，但令人不解的是你總會聽見多
踩一階的聲音——在解釋之後，令人毛骨悚然的
事實也隨之揭曉，原來在十六世紀時，這個樓梯
比現在多了一階！我還記得當我把這則故事告訴
自己的同學時，心中有多麼愉快。我從未想過是
否有充足的證據可資證明。彷彿只要屋子夠老，
朋友聽得瞠目結舌，就能說明一切。

　　人們轉述鬼故事時會感到亢奮，轉述奇蹟
故事時也一樣。如果奇蹟的傳言記載在書上，
傳言將變得難以挑戰，如果書籍傳之久遠，那
就更難了。如果傳言的歷史悠久，則傳言將逐漸

成為「傳統」，此時人們對它的信任將更加無法動搖。這聽起來相當古怪，你可能認爲大家都知道古老的傳言因爲時代久遠，所以被扭曲的程度遠比晚近的傳言來得嚴重，晚近的傳言在時間上至少還比較貼近其所描述的事件。艾維斯‧普雷斯利與麥可‧傑克森離我們太近了，還未能產生傳統，因此沒什麼人相信「火星上出現艾維斯的臉孔」這樣的故事。但要是經過兩千年的時間……？

那麼，有些離奇的故事又該怎麼解釋？有人說自己夢見好幾年沒碰面或想起的人，醒來卻發現門墊上躺著那個人寄來的信。或者是醒來聽見或讀到那個人昨晚去世的消息。你也許有過這樣的親身經驗。我們要如何解釋這種巧合？

我想，最可能的解釋是事情就是這樣：巧合，如此而已。關鍵在於我們只會在離奇的巧合發生時才想到要說故事──而不是在未發生離奇的巧合時這麼做。從來沒聽人說過：「昨晚我夢見幾年來從未想起的叔叔，醒來後發現**他昨晚沒死！**」

巧合越令人毛骨悚然，越容易傳布開來。有時巧合會讓人吃驚到馬上投書報社。或許他夢見（而且是第一次）曾經風光一時但早已被人遺忘的女星，醒來後發現她昨晚去世了。她的靈魂到你夢中來向你道別──這眞是太可怕了！但讓我們想一下到底發生了什麼事。一件巧合要被報紙報導，只需要數百萬名讀者中有一人有這樣的經驗而且投書報社。我們只需以英國爲例，英國每天大約有兩千人死亡，而英國民眾每晚做的夢總數大約有一億個。思索至此，我們可以肯定地預期，有時候就是有人醒來後會發現自己夢見的那個人昨晚死了。而這些人往往會投書報社表示有如此離奇的巧合。

　此外，故事也會在不斷重述中被加油添醋。人們都喜歡說有趣的故事，甚至希望自己在重述時能比當初自己聽到的還精釆一些。讓聽眾起雞皮疙瘩可以讓說者充滿成就感，因此說故事的人通常會誇大內容——只是增添一小部分，多半是為了讓內容更生動——然後下一個說故事的人又會再誇大一點，以此不斷累積。舉例來說，醒來後發現某個名人昨晚去世，你也許會去查清楚她是什麼時候死的。「喔，大概是在**接近**凌晨三點的時候。」於是你推測自己很可能是在三點左右夢見她。而在你搞清楚真相之前，「接近」與「左右」已隨著故事的不斷重述而消失，最後變成了：「她在三點**整**去世，而那正是我親戚的朋友的老婆的孫女夢見她的時間。」

　有時我們確實可以明確地解釋離奇的巧合。偉大的美國科學家理察・費曼（Richard Feynman）的妻子因癌症不幸過世，她房間的鐘正好停在她死亡的時刻。這聽了就讓人起雞皮疙瘩！但費曼博士並非浪得虛名。他找出了真正的解釋。這個鐘有點故障。如果你把鐘拿起來，傾斜一下，鐘就停住了。費曼太太去世的時候，護士為了開立官方死亡證明必須記錄時間。病房相當陰暗，所以她把鐘拿起來朝窗戶傾斜，想藉著外頭的光線看清楚時間。那個時間就是鐘停止的時間。與奇蹟無關，只是單純的機械故障。

　即使不是基於這個原因，即使鐘的確是在費曼太太去世那一刻發條鬆掉，我們還是不用感到驚訝。在美國，不分日夜每分每秒一定會有鐘停

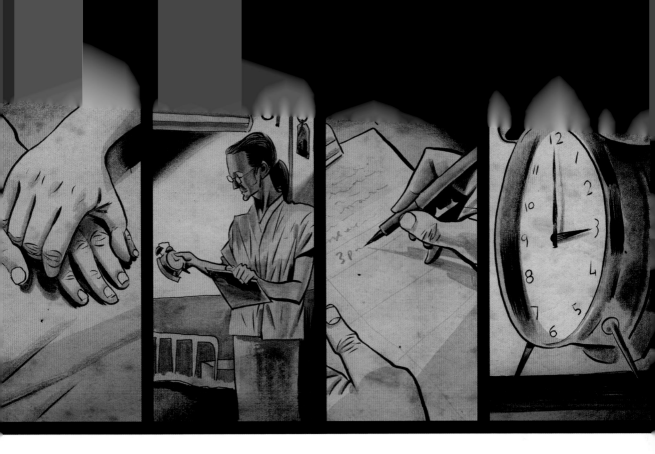

止不動。每天也會有人死亡。我再重複一次先前提過的觀點，我們不會到處跟人家說，「我的鐘在下午四點五十分的時候停止了，你相信嗎，**居然沒有人死耶！**」

我在討論魔力那一章時曾提到，有江湖術士宣稱他能靠「念力」讓鐘錶重新啟動。他會邀請電視機前面的觀眾去拿家中已經壞掉的錶過來並且拿在手上，他會用念力讓大家的錶恢復正常。幾乎就在同時，攝影現場的電話鈴聲響起，話筒那頭傳來觀眾呼吸急促又充滿敬畏的聲音說，他們的錶又開始走了。

這種狀況跟費曼太太的例子有點類似。同樣的方法無法用在現代的電子錶上，但對使用發條的手錶來說卻管用。使用發條的手錶停止之後，只要拿起來用力甩幾下，就可以啟動裡面的游絲平衡擺輪，手錶就開始走了。如果手錶的溫度稍微高一點，效果會更明顯，而人的體溫剛好有這種作用——成功率也許不是特別高，但當你有一萬名觀眾真的聽你的話把手錶拿過來甩一甩，然後握在溫暖的手心時，成功率也不需要太高。一萬只手錶只要有一只開始走動，你就會聽到有人興奮地打電話到節目裡，讓所有電視機前面的觀眾都感到印象深刻。我們從來沒聽過其他九千九百九十九名發現這種方法無效的觀眾打電話進來。

思索奇蹟的好方法

十八世紀蘇格蘭一位著名的思想家大衛・休謨（David Hume），針對奇蹟提出了相當聰明的論點。他把奇蹟定義為對自然法則的「逾越」（或違反）。在水上行走，把水變成酒，用念力停止或啟動時鐘，把青蛙變成王子，這些都是違反自然法則的好例子。這類奇蹟讓科學深感不安，換言之，如果奇蹟真的發生，科學該如何自處。那麼，我們該怎麼回應奇蹟故事？這正是休謨關注的問題，而他的答案就是我剛才說的聰明論點。

如果你想知道休謨的實際說法，那麼以下是他的原話，但你必須了解這些話是兩百多年前寫的，當時的英語風格跟現在有點差異。

沒有任何證據足以證明奇蹟真的存在，除非證據的虛假要比證據企圖證明的奇蹟更不可思議。

讓我換個方式來說明休謨的觀點。如果約翰告訴你一則奇蹟故事，那麼你應該相信他，但前提是約翰說謊（或誤解，或看錯）這件事要比他說的奇蹟故事更不可思議才行。舉例來說，你可能會說：「我敢用生命擔保約翰說的是真的，他從未說謊，如果約翰說謊，那才是真正的奇蹟。」這麼說固然很好，但休謨的觀點其實是：「不管約翰說謊這件事有多麼不可能，約翰說謊是否真的比約翰宣稱他看到的事更不可能？」假設約翰宣稱他看到有一頭牛跳得比月亮還高。無論約翰平日有多麼值得信任與誠實，懷疑他說謊（或者他只是誠實說出自己看到的幻覺）的想

法，還是不會比牛跳得比月亮高的說法更不可思議。因此，你應該接受約翰說謊（或搞錯）的解釋。

這是個極端與想像的例子。讓我們以實際發生的事情為例，來驗證休謨的觀念是否實際有用。一九一七年，英國有兩名年輕的表姊妹弗蘭西絲‧格里菲斯（Frances Griffiths）與艾爾西‧萊特（Elsie Wright）拍了照片，她們說她們拍到了仙子。上圖就是艾爾西與「仙子」的合照。

你也許認為這張照片明顯作假，但在當時，攝影術還是嶄新的事物，因此就連偉大的作家亞瑟‧柯南‧道爾爵士（Sir Arthur Conan Doyle）——他創造了能看穿一切的角色，夏洛克‧福爾摩斯（Sherlock Holmes）——與許多人都受到欺騙。多年後，當弗蘭西絲與艾爾西垂垂老矣，她們才承認這些「仙子」不過是用厚紙板剪裁出來

的。但讓我們用休謨的方式來思考，推想理應窺破騙局的柯南‧道爾與其他人為什麼會受騙上當。以下是兩種可能性，如果均屬真實，你認為何者更不可思議？

一、真的有仙子存在，仙子是長了翅膀的小人，她們會在花叢間飛舞。

二、艾爾西與弗蘭西絲虛構了故事，而且偽造了照片。

幾乎馬上就可以看出來，不是嗎？孩子總是喜歡編故事，而且編得臉不紅氣不喘。就算編故事是一件難事；就算你很了解艾爾西與弗蘭西絲，而且她們一直是非常誠實的孩子，從未想過說謊騙人；就算這兩個女孩吞了自白劑，並且漂亮地通過測謊；就算綜合這一切之後，我們認為

如果她們說謊那才是奇蹟，那麼休謨會怎麼說？他會說，她們說謊的這件「奇蹟」還是比不上她們宣稱仙子真的存在這件事來得神奇。

艾爾西與弗蘭西絲的惡作劇並未造成嚴重的傷害，更有趣的是，她們居然愚弄了偉大的柯南·道爾。但年輕人開的玩笑有時可不是鬧著玩的，我這麼說其實還溫和了一點。回到十七世紀，新英格蘭一處名叫薩林（Salem）的村落，一群年輕女孩突然歇斯底里地沉迷於「女巫」，而且開始想像或捏造各種故事。不幸的是，村裡極度迷信的成年人對她們的話深信不疑。許多年老的婦女，連同幾名男子，都被指控是與魔鬼勾結的女巫。村民認為這些人在這些女孩身上下了符咒，而這些女孩宣稱她們看見這些人在空中飛行，以及做了一些當時的人認為女巫會做的事。結果極其嚴重：這群女孩的證詞將近二十名民眾送上絞刑臺。一名男子甚至被儀式性地以亂石砸死。只因為一群孩子編故事，這名無辜的男子便要遭遇如此可怕的事。我不禁感到納悶，這群女孩為什麼要這麼做？她們想出鋒頭嗎？這是不是有點類似於今日發生在電子郵件以及社交網站上的「網路霸凌」（cyber-bullying）？她們真的相信自己說的這些誇大不實的話嗎？

讓我們回到一般的奇蹟故事，了解這些故事是如何開始的。另一起年輕女孩講述離奇事件並且讓眾人深信不疑的著名例子，我們稱為法蒂瑪（Fatima）奇蹟。一九一七年，在葡萄牙的法蒂瑪，十歲的牧羊女露西亞（Lucia）與她的表弟妹弗蘭西斯科（Francisco）與賈辛塔（Jacinta）宣稱，他們在山丘上看到異象。孩子們說有一個名叫「聖母馬利亞」的婦人出現在山丘上。聖母馬利亞雖然早已不在人世，卻成為當地宗教供奉

的女神。露西亞說，鬼魂般的馬利亞告訴她與另外兩個孩子，她將在每個月的十三日在此出現，直到十月十三日為止，而就在這最後一天，她將展現奇蹟證明她就是聖母馬利亞。十月十三日將出現奇蹟的傳言傳遍葡萄牙各地，到了這一天，據說有超過七萬名群眾湧入法蒂瑪。這項奇蹟的出現與太陽有關。目擊者對於太陽確切的樣子描述不一。有些人說太陽好像在「跳舞」，另一些人說太陽像輪轉煙火一樣不斷地旋轉。最戲劇的描述是以下這段

……太陽似乎從天空撕裂，朝著驚恐的群眾墜落……正當巨大的火球即將落地並且毀滅所有人的時候，奇蹟消失了，太陽又回到原來的位置，跟往常一樣發出安詳的光芒。

現在讓我們來想想到底發生了什麼事？法蒂瑪真的出現奇蹟嗎？鬼魂般的馬利亞真的現身了嗎？除了那三個小孩，沒有人看見聖母馬利亞，所以我們不需要認真看待這部分的故事。但太陽墜落的奇蹟據說有七萬人目擊，我們該怎麼看待這件事？太陽真的移動了嗎（或許是因為地球本身移動了，所以看起來是太陽在移動）？讓我們用休謨的方式思考。以下是值得探討的三種說法。

一、太陽確實在天空移動而且朝著驚恐的群眾墜落，之後又回到原先的位置。（或者是地球改變了自轉的模式，因此看起來彷彿是太陽在移動。）

二、太陽與地球都沒有移動，是七萬人同時產生了幻覺。

三、什麼事也沒發生，整起事件完全受到錯誤報導、誇大渲染或只是單純的虛構。

你認為哪一種說法最合理？這三種看起來都不太可能發生。但第三種顯然是最不牽強，也最不能算是奇蹟的一種。要接受第三種說法，我們只需要相信有人謊稱七萬人，看見太陽移動，而這個謊言不斷重複並且四處散布，就好像今日網路上快速傳播的都市傳說一樣。第二種說法的可能性比第三種低。它必須說服我們相信七萬人同時看到太陽的幻覺。這顯然很牽強。但無論第二種再怎麼不可能——幾乎可以算是奇蹟了——也比不上第一種離奇。

太陽在它照亮的半球上都是可見的，而非只有葡萄牙的這座小鎮才看得到太陽。如果太陽真的移動了，那麼太陽照亮的這個半球上（不只

是法蒂瑪）的數百萬人也一定會被這幅景象嚇得失去理智。事實上，第一種說法還有更不合理的地方。如果太陽真的以報導所說的速度移動——朝著驚恐的群眾「墜落」——或如果地球因為某種原因改變了自轉模式，導致太陽像是以高速墜落，那麼對於全人類來說，這將是一場末日災難。地球可能脫離原有的軌道，成為一顆死寂的冰冷岩石，急速朝黑暗空虛的宇宙飛去，或者，地球將朝反方向直奔太陽而去，並且遭受燒燬的命運。還記得第五章我們提到，地球自轉的速度是每小時數百英里（如果在赤道測量則是一千英里），然而太陽的視運動對我們來說其實慢得無法察覺，因為太陽距離我們非常遙遠。如果太陽與地球相對的移動速度，突然快到足以讓群眾感覺太陽朝他們「墜落」，那麼真正的運動速度恐怕會是平日的數千倍，一旦如此，說是世界末日

也不為過。

　　據說露西亞曾告訴群眾要雙眼直盯著太陽。順帶一提，這種做法實在愚蠢至極，因為這會對你的眼睛造成不可復原的損害。而這麼做也會產生幻覺，人們會以為太陽在天上晃動。即使只有一個人產生幻覺，或者只有一個人謊稱看到太陽移動，並且告訴別人這件事，然後這個人又告訴其他人，於是一傳十，十傳百……這樣就足以讓謠言傳遍各地。最後，在聽到傳言的人當中，可能會有人把傳言記錄下來。但這些記錄是否真實，對休謨來說並不重要。真正重要的是，無論七萬人同時產生幻覺的說法有多麼不合理，都比不上太陽墜落來得離奇。

　　休謨並未直接認定奇蹟不可能發生。相反地，他要我們把奇蹟想成不大可能發生的事——我們應該估量奇蹟不大可能出現的程度。這種估量不一定要非常精確。只要能將人們提及的不大可能發生的奇蹟約略地放在某種天平上，然後拿來與其他事物如幻覺或謊言進行比較，如此便已足夠。

讓我們回過頭來討論我在第一章提到的紙牌遊戲。你應該記得我們曾假設四名玩家拿到完美的牌型：每人各自拿到滿手的梅花、紅心、黑桃與方塊。如果真的發出這樣的牌型，我們應該怎麼思考這件事？與之前相同，我們還是寫下三種可能。

一、這是超自然的奇蹟，是男巫、女巫、法師與神明運用特殊力量造成的。他們違反科學定律，任意更改紙牌的花色數字，使發牌呈現出如此完美的結果。

二、這是個令人驚訝的巧合。洗牌後碰巧出現如此完美的發牌結果。

三、有人施展了偷天換日的手法，以藏在袖口內動了手腳的牌換掉在大家面前洗好的牌。

接下來該怎麼思索呢，別忘了休謨的忠告。

這三種可能似乎都有點難以置信。但在這三者當中，第三種是最可信的。第二種雖然可能發生，但我們曾算過它發生的機率，有多低：536,447,737,765,488,792,839,237,440,000分之1？第一種發生的機率我們無法計算得那麼精確，但我們可以把它想成某種無法適當證明也無法理解的力量，同時操縱了數十張牌上面的紅黑印刷墨水。你也許不願使用「不可能」這個強烈字眼，但休謨也沒有要求你使用這個詞：他只要求你將這項可能與其他可能做比較，在我們的例子裡，其他可能的是指魔術戲法與驚人的運氣。我們不是看過與發出完美牌型一樣令人驚訝的魔術戲法嗎（順帶一提，這些戲法經常都要用到紙牌）？因此，完美牌型最可能的解釋不是光靠運氣，更不會是某種奇蹟干預了宇宙法則，而是魔術師或不誠實的紙牌騙子耍的戲法。

536,447,
737,765,
488,792,839,
237,440,000
to 1

讓我們看看另一則著名的奇蹟故事，這是我之前提到的一個名叫耶穌的猶太傳教士把水變成酒的故事。同樣地，我們可以列出三種可能的解釋。

一、它真的發生了。水的確變成酒。

二、這是一種高明的魔術戲法。

三、什麼事也沒發生。它只是一則故事，是虛構的，是某人捏造的。或者，確實有事情發生，只是陰錯陽差渲染成不可思議的事。

我想，這三項解釋在排定可能性上面應該沒有太多疑問。如果第一種解釋是真的，那麼就違反了我們知道的一些最深刻的科學原理，我們在第一章談到南瓜與馬車、青蛙與王子時，已經提到完全相同的理由。純水分子必須轉變成複雜混合的分子，包括酒精、丹寧、各種糖以及其他許多物質。除非其他的解釋非常不可能，否則不會有人選擇第一項解釋。

魔術戲法有可能（我們每隔一段時間，就能在舞臺與電視上看到更高明的戲法），但可能性比第三種解釋低。為什麼要費神地考慮魔術戲法呢？反正我們也沒有證據證明水真的變成酒。相較之下，第三種解釋的可能性非常高，因此魔術戲法根本不用考慮。有人捏造了這則奇蹟故事。人類不斷在編造故事。這就是所謂的虛構。由於這則奇蹟故事非常有可能出自虛構，因此我們不需要費心去考慮魔術戲法，更不用考慮真正的奇蹟，因為奇蹟不僅違反科學定律，也推翻我們所知的一切宇宙原理。

我們碰巧知道許多虛構的故事，這些故事都圍繞著名叫耶穌的傳教士產生。舉例來說，有一

首非常短的曲子，曲名叫〈櫻桃樹頌歌〉，你可能唱過或聽過這首曲子。內容提到耶穌當時仍在母親馬利亞（就是法蒂瑪故事裡的馬利亞）的肚子裡，馬利亞與丈夫約瑟夫走到櫻桃樹下。馬利亞想吃櫻桃，但櫻桃高掛在樹上，她採不到這些果實。約瑟夫沒那個心情爬樹，於是……

還是胎兒的耶穌
在馬利亞的肚子裡說話：
「你這高高的枝椏，還不彎下來，
讓我的母親摘一點。
你這高高的枝椏，還不彎下來，
讓我的母親摘一點。」

於是高高的枝椏彎下來，
直到馬利亞的手邊。
她叫道：「喔，看哪，約瑟夫，
我有善解人意的櫻桃。」
她叫道：「喔，看哪，約瑟夫，
我有善解人意的櫻桃。」

你在任何古老的神聖書籍裡都找不到這段櫻桃樹的故事。沒有人（實際上是那些擁有知識與受過良好教育的人）認為這首歌是真實的。許多人相信水變成酒的故事是真的，但每個人都認為櫻桃樹的故事是虛構的。櫻桃樹的故事其實是五百年前編寫的。水變成酒的故事遠比櫻桃樹古老得多，它出現在基督教四福音書的其中一篇（《約翰福音》，其他三篇都沒有提到這則故事），但我們沒有理由相信它是真實而非出於虛構，說穿了，它只是比櫻桃樹的故事早虛構了幾個世紀。此外，四福音書的寫作時間比書中記載的事件時間晚得多，沒有任何一名寫作者曾是事件的目擊者。因此我們有充分的理由認為，水變成酒的故事完全出於虛構，就跟櫻桃樹的故事一樣。

我們認為人們聲稱的奇蹟，以及對任何事物提出的「超自然」解釋，完全都出於虛構。假使

發生了我們不了解的事，而我們也看不出這些事是出於詐欺、騙術或謊言：我們是否能認定這些事是超自然造成的？不行！我在第一章解釋過，以超自然來解釋事物，將會扼殺了更進一步的討論與調查。它將造成懶惰與不誠實，而且發展到後來，反倒會轉而主張自然解釋是不可能的。如果你認為凡是荒誕不經的事一定屬於「超自然」的範圍，那麼你不只是目前不了解這些事，你也形同放棄且宣布這些事永遠不可能理解。

今日的奇蹟，明日的科技

有些事情就連當今最優秀的科學家也無法解釋。但這不表示我們要放棄研究，轉而訴諸魔術或超自然力量這些虛假的「解釋」，事實上，它們根本未做任何解釋。想像一名中世紀的男子（即使他是那個時代最有知識的人）看到飛機、筆記型電腦、手機或衛星導航系統時，會有什麼反應。他或許會把這些事物稱為超自然與奇蹟。

然而這些事物在今日都是稀鬆平常的東西；我們也知道這些事物如何運作，因為這些事物都是人類根據科學原理製造出來的。我們不需要訴諸魔術、奇蹟或超自然力量，我們認為中世紀的人相信這些事物是錯誤的。

我們不需要回到中世紀來證明我們的論點。維多利亞時代的國際犯罪組織如果配備了現代手機，則他們協調彼此活動的方式，在福爾摩斯眼中將有如心電感應。在福爾摩斯那個時代，謀殺案嫌犯如果能證明在倫敦發生謀殺案的當天晚上他人在紐約，那麼這名嫌犯就有了完美的不在場證明，因為在十九世紀晚期，要當天來回紐約與倫敦是不可能的事。如果有人說他做得到，那麼大概是運用了超自然力量。然而現代飛機卻讓此事成了家常便飯。卓越的科幻小說家亞瑟·克拉克（Arthur C. Clarke）總結出他的克拉克第三定律：**充分先進的科技，往往與魔法無異。**

如果時光機載著我們到一個世紀之後，我們將看見我們現在難以想像的奇觀——奇蹟。但這不表示我們今日認為不可能的事物，未來一定會出現。科幻小說家可以輕易想像出時光機或反重力機器，以及可以載著我們超越光速的火箭。然而，儘管我們可以想像，卻不表示這些機器總有一天能夠成真。我們今日想像的一些事物，有部分也許可以成真，但絕大多數只能停留在想像階段。

你越是思索，越能了解超自然奇蹟的觀念完全是荒謬無稽。如果發生的某件事無法以科學加以解釋，那麼你可以充滿自信地提出兩項可能的結論：要不是事情並未真的發生（觀察者弄錯、說謊或受騙），就是我們揭露了當前科學的缺點。如果當前的科學遭遇到自身無法解釋的觀察或實驗結果，那麼我們應該鍥而不捨地努力，直到將科學改善到能提供解釋為止。

為了提供解釋，如果需要全新的、革命性的科學，而這些科學古怪到連老一輩的科學家都看不出它是科學，那麼這樣的科學也很好。這種事過去曾發生過。我們絕不能怠惰或充滿失敗主義地說，「這一定是超自然力量造成的」或「這一定是奇蹟」。而應該說，這是個難題，雖然奇怪，但我們應該面對這樣的挑戰。無論我們是以質疑觀察事實的方式來面對挑戰，還是將科學擴展到嶄新而令人振奮的方向，總而言之，想適當而勇敢地回應挑戰就是直接面對它。就算我們尚未找到**適當**的答案來解決謎團，我們仍然可以說：「這是我們尚未了解的事物，但我們會持續研究它」。事實上，這也是唯一誠實的回應。

奇蹟、魔力與神話——這些都是很有意思的主題。在本書中，我們確實對這些主題做出有趣的討論。每個主題都是好故事，我希望各位會喜歡我在章節一開頭提到的神話故事，但我更希望

各位能喜歡緊接在神話之後討論的科學內容。我希望你也同意眞實本身就具有魔力。眞實比神話、虛構的神祕以及奇蹟更具魔力——是最好且最令人振奮的那一種。科學擁有自身的魔力：

眞實世界的魔力。

致謝

理查・道金斯要向下列人士致謝：

Lalla Ward, Lawrence Krauss, Sally Gaminara, Gillian Somerscales, Philip Lord Katrina Whone, Hilary Redmon; Ken Zetie, Tom Lowes, Own Toller, Will Williams and Sam Roberts from St Paul's School, London; Alain Townsend, Bill Nye, Elisabeth Cornwell, Carolyn Porco, Christopher McKay, Jacqueline Simpson, Rosalind Temple, Andy Thomson, John Brockman, Kate Kettlewell, Mark Pagel, Michael Land, Todd Stiefel, Greg Langer, Robert Jacobs, Michael Yudkin, Oliver Pybus, Rand Russell, Edward Ashcroft, Greg Stikeleather, Paula Kirby, Anni Cole-Hamilton and the staff and pupils of Moray Firth School.

戴夫・麥金要向下列人士致謝：

Christian Krupa （電腦模型）; Ruth Howard （化學顧問）, Andrew Hills （物理學顧問） and Cranbrook School; Clare, Yolanda and Liam McKean.

圖片來源

Galaxies, p. 165, © NASA/Getty

Spectroscope, p. 168, © Museum of the History of Science, Oxford

Spider, p.197, © Thomas Shahan

Earthquake simulation, p. 204 © The US Geological Survey and
    the Southern California Earthquake Center

Michael Jackson in car bonnet, p. 246, © KNS News

'Jesus in a frying pan', p. 247, © Caters News

'Jesus in toast', p. 247, © Chip Simons/Getty

Cottingley fairies, p. 253, © Glenn Hill/SSPL/Getty

國家圖書館出版品預行編目（CIP）資料

什麼才是真的？ / Richard Dawkins 著；黃裕文譯.
-- 初版.-- 臺北市：大塊文化, 2012.06
面；　公分.-- (From ; 80)

譯自：The Magic of Reality: How We Know
What's Really True?
ISBN 978-986-213-341-5（平裝）

1.科學哲學

301　　　　　　　　　101009115

LOCUS

LOCUS

LOCUS